21世纪科学前沿 21st CENTURY SCIENCE

火山 Volcanoes

[英] 安妮·鲁尼 / 著　吴晓昱 / 译

华夏出版社
HUAXIA PUBLISHING HOUSE

图书在版编目（CIP）数据

火山 /（英）安妮·鲁尼 (Anne Rooney) 著；吴晓昱译. ——北京：华夏出版社，2017.1

（21世纪科学前沿）

书名原文：21st Century Science: Volcanoes

ISBN 978-7-5080-8994-2

Ⅰ. ①火… Ⅱ. ①安… ②吴… Ⅲ. ①火山—青少年读物 Ⅳ. ①P317-49

中国版本图书馆CIP数据核字（2016）第252922号

21st Century Science: Volcanoes
First published in 2010
under the title **21st Century Science: Volcanoes** by Tick Tock, an imprint of Octopus Publishing Group Ltd
Endeavour House, 189 Shaftesbury Avenue, London WC2H 8JY
Copyright © 2012 Octopus Publishing Group Ltd
All rights reserved.

版权所有，翻印必究。
北京市版权局著作权登记号：图字 01-2012-8557 号

火山

作　　者	[英] 安妮·鲁尼
译　　者	吴晓昱
责任编辑	王占刚　许　婷

出版发行	华夏出版社
经　　销	新华书店
印　　刷	永清县晔盛亚胶印有限公司
装　　订	永清县晔盛亚胶印有限公司
版　　次	2017年1月北京第1版 2017年1月北京第1次印刷
开　　本	690×940　1/16开
印　　张	9
字　　数	70千字
定　　价	25.00元

华夏出版社　网址：www.hxph.com.cn　地址：北京市东直门外香河园北里4号　邮编：100028
若发现本版图书有印装质量问题，请与我社营销中心联系调换。电话：（010）64663331（转）

目录 Contents

引　言

正在喷发的火山 /002
火山学 /003
灾难性事件 /009
喷发之后 /009
混合气体 /010

第一章　我们的世界

地球的形成 /014
地球内部 /015
陆地和空气 /017
穿越时间 /018
构造板块 /021
移动的大陆 /021
新的陆地替代旧的陆地 /025
俯冲带 /026
热点火山 /029
死火山 /029

第二章　穿越时空的火山

火山周围 /038

熔岩的内陆河 /038
火山的骨架 /039
环形山和湖泊 /040
被掩埋了的证据 /041
岩石层 /041
化石记录 /042
它们的世界末日 /045
惊天动地的喷发 /046
是火山喷发导致恐龙灭绝的吗？/047
火山与人类 /050
早期的观点 /051
神话和传说 /051

第三章　激烈活动的地球

火山的类型 /056
盾状火山 /057
火山渣锥 /058
层云火山 /059
对一座火山的剖析 /060
收集岩浆 /060
所有平静的火山 /061
不断生长的火山 /064

火山喷发之间 /065
死火山还是休眠的火山？ /065
形状的改变 /066
不知从哪儿来的火山 /069
上升的土堆 /070
活力的增加 /070
逐渐消失 /071
死亡与再生 /074
再生和更新 /074
火山的改造 /075

第四章　喷发！

做好准备 /081
聚集的岩浆 /081
轰隆声 /082
在压力下熔化 /084
火热的大灾难 /085
岩浆和气体 /085
喷发的类型 /088
固体的熔岩 /089
火灾、水灾和烟雾 /092
山崩和雪崩 /093
灼热的风 /093
火山灰和气体 /094
所有在海上的火山 /094
海底的火山 /097
通风口和烟囱 /098
海啸！ /101

爆炸性的混乱 /102
致命的海浪 /102
火山与气候变化 /106
越来越暖和…… /106
更加凉爽 /108

第五章　不断的关注

人造卫星 /112
扭曲的陆地 /112
内部的火热岩石 /114
到达实地的工作 /115
气体中的线索 /116
地面移动 /116
超级火山 /120
神秘的山 /121
等待发生的灾难 /121
预测 /125
从过去获得的教训 /126
读懂各种迹象 /127
生活在危险中 /131
在火山下 /131
善后 /132
未来的科学家 /135
回首过去，放眼未来 /135
其他星球上的火山 /136

名词解释 /138

引 言

高山与火灾

　　火山喷发很可怕，但是场面很壮观。人们对火山喷发的普遍印象是从一个高耸的山脉中倾泻出熔岩和滚烫的气体。许多火山就是像这样喷发的，但其他一些火山则有所不同。

21 火山

▲ 火山喷发是我们星球的自然特性中最为壮观，也是最为危险的景观。

正在喷发的火山

地球表层下面很深的地方有一层热的、黏性的、半熔化的被称为熔岩的岩石。

这种岩石受压到一定程度后，会上升到地球表面，并从火山口喷发出来。它喷掷到天空，或者顺着山的两侧缓缓渗出，使其流经的一切东西都燃烧起来。

有些火山在数百或数千年中只喷发一次。其他的一些火山每隔几年，甚至几天就会有一些规模较小的喷发。斯特隆波里火山位于离西西里岛海岸线不远的一座小岛上，它每隔几分钟就会喷发一次。猛烈的喷发可以造成巨大的破坏和数千人的死亡。

研究火山的科学家们——火山学家——在危险的条件下勇敢地勘察火山为什么会喷发，它们又是如何喷发的，目的是为了帮助人们，避免造成可怕的后果。引发现代火山学研究的一次事件是1883年印度尼西亚的喀拉喀托火山的猛烈喷发。这使火山学家第一次有机会研究火山的主要喷发阶段，然后跟踪其后续发展情况，研究超过100年以上的火山的再生。

21 火山
st CENTURY SCIENCE

▼ 从庞贝古城遗址上崛起，维苏威火山的喷发明确地提醒了它是造成这场灾难的原因。

火山

科学生涯

法国火山学家凯蒂娅和莫里斯·克拉夫特夫妇20多年来合作拍摄和摄制了很多火山喷发的影片。他们都是从儿童时期就对火山产生了兴趣。

一日掠影……

在斯特拉斯堡大学相遇后不久,两个人拍摄了斯特隆波里火山喷发,发现人们对他们的现场新闻报道很感兴趣。克拉夫特夫妇周游世界,拜访了一些最为危险而又最令人兴奋的火山,记录了喷发超过140次的火山,这比任何人记录得都多。为了摄制影片,他们会经常深入到数十米深的熔岩流中。他们的照片仍然是对这类事件的宝贵的科学记录。克拉夫特夫妇还通过说服受到火山喷发直接威胁的人们撤离危险地区,挽救了许多人的生命。不幸的是,1991年在日本拍摄云仙火山喷发时,由于火山碎屑流改变了流淌方向,他们都被夺去了生命。

斯人斯语……

"我们想让火山更少地夺去人们的生命,或者根本不会有人死亡。我们发现通过非常仔细地拍摄火山,显示出火山喷发的危险与危害,对拯救生命非常有用。"

21
st CENTURY SCIENCE
火山

008

灾难性事件

在整个历史中，火山喷发已经造成地球上的生命多次遭受灾难。即使在今天，尽管对众所周知的危险的火山进行着仔细的监测，但灾难仍然在发生。有些火山在人们毫无准备的情况下喷发，给人们带来毁灭性的后果。然而，即使火山喷发可以被预测，它们的喷发也不能被阻止。

喷发之后

最为壮观的火山喷发是滚烫的熔岩流或喷液——熔岩——从

◀ 这个计算机模拟分析显示，在公元79年维苏威火山喷发所喷出的微粒仅在5分钟之内就能到达7公里远的地方。

火山中喷泻而出。尽管这是剧烈而可怕的,但熔岩并不是最危险的火山喷发的产物。

　　大多数熔岩的流动速度十分缓慢,人们经常靠跑,甚至快步行走,就有充足的时间赶在它前面。很多烟雾、令人窒息的火山灰和火热的风则更为致命。在火山喷发期间,熔岩的微小碎屑爆裂成火山灰云团,火山灰云团很厚,可以遮挡住太阳光。如果灰混合有雨,就可以造成致命的如混凝土般的泥浆流。

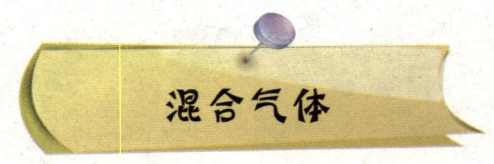

混合气体

　　最糟糕的地方还在于,火山冒出的烟雾对于人类、动物和植物来说,是毒性很大的气体。有时,炙热的风从火山中呼啸而出,以超过每小时100公里的速度穿越陆地,炙烤着沿途的一切。风不时从山腰抛掷出大块坚硬的岩石,简直都要把山给吹开。

课题研究:

公元79年的庞贝古城

研究内容: 庞贝古城于公元79年毁于维苏威火山的一次喷发。它在1689年被偶然发现,考古学家自从1748年以来一直在探索它。

研究团队: 最初的考古学家只对为收藏家们恢复古城中的遗物感兴趣。现代科考队也在寻找庞贝古城生活方式的证据,以及火山喷发本身的细节。庞贝古城的考古负责部门监督所有的研究。

研究过程: 通过对火山灰层和浮石的仔细挖掘,科

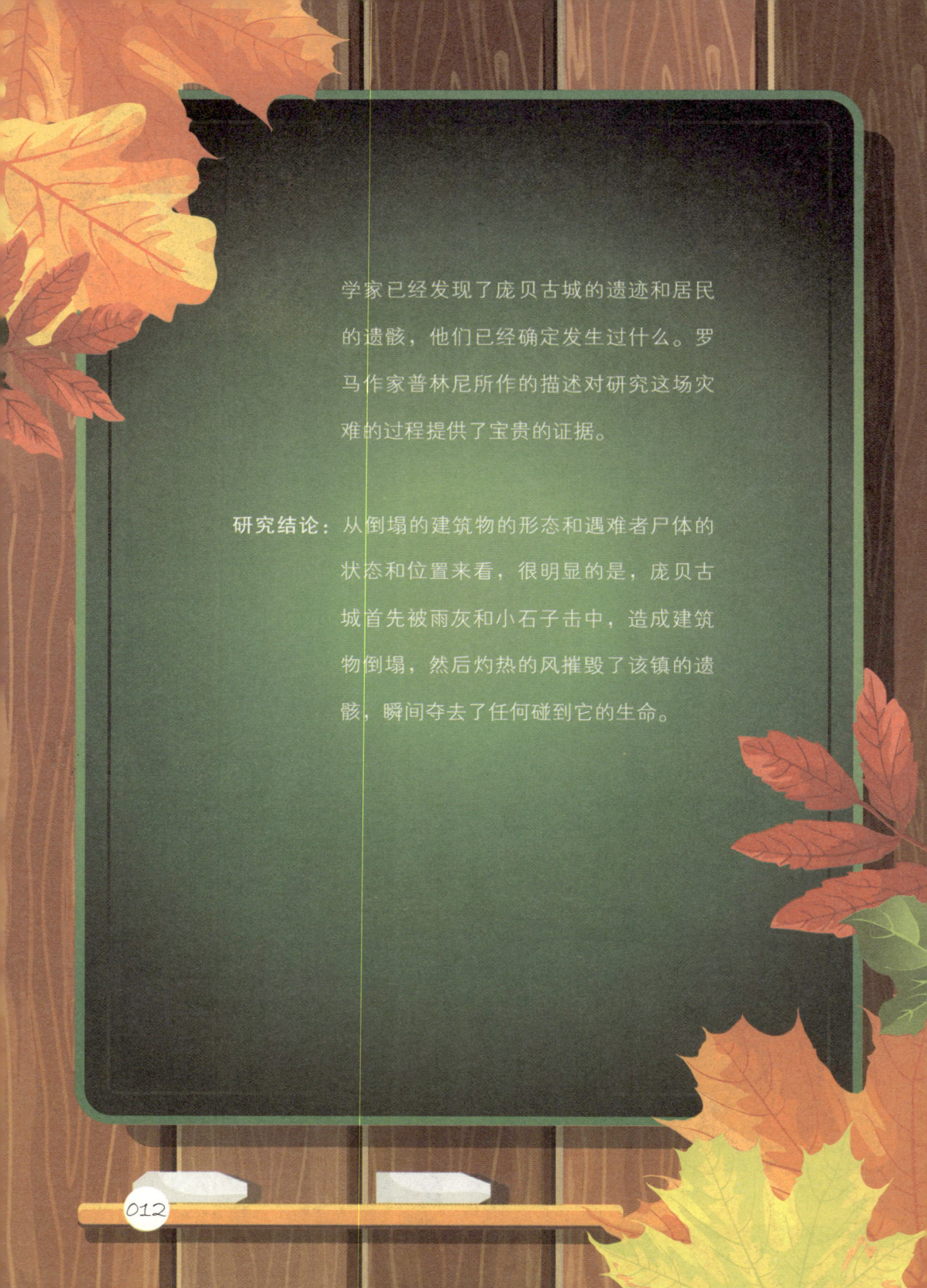

学家已经发现了庞贝古城的遗迹和居民的遗骸，他们已经确定发生过什么。罗马作家普林尼所作的描述对研究这场灾难的过程提供了宝贵的证据。

研究结论：从倒塌的建筑物的形态和遇难者尸体的状态和位置来看，很明显的是，庞贝古城首先被雨灰和小石子击中，造成建筑物倒塌，然后灼热的风摧毁了该镇的遗骸，瞬间夺去了任何碰到它的生命。

第一章　我们的世界

在火中熔炼的星球

　　火山喷发塑造了我们星球的形状，数十亿年来，在有人见证和记录火山喷发之前，这些火山活动已经塑造了地球的形状，当沉重的物质深深陷入地下时，将气体带到了地球表面。

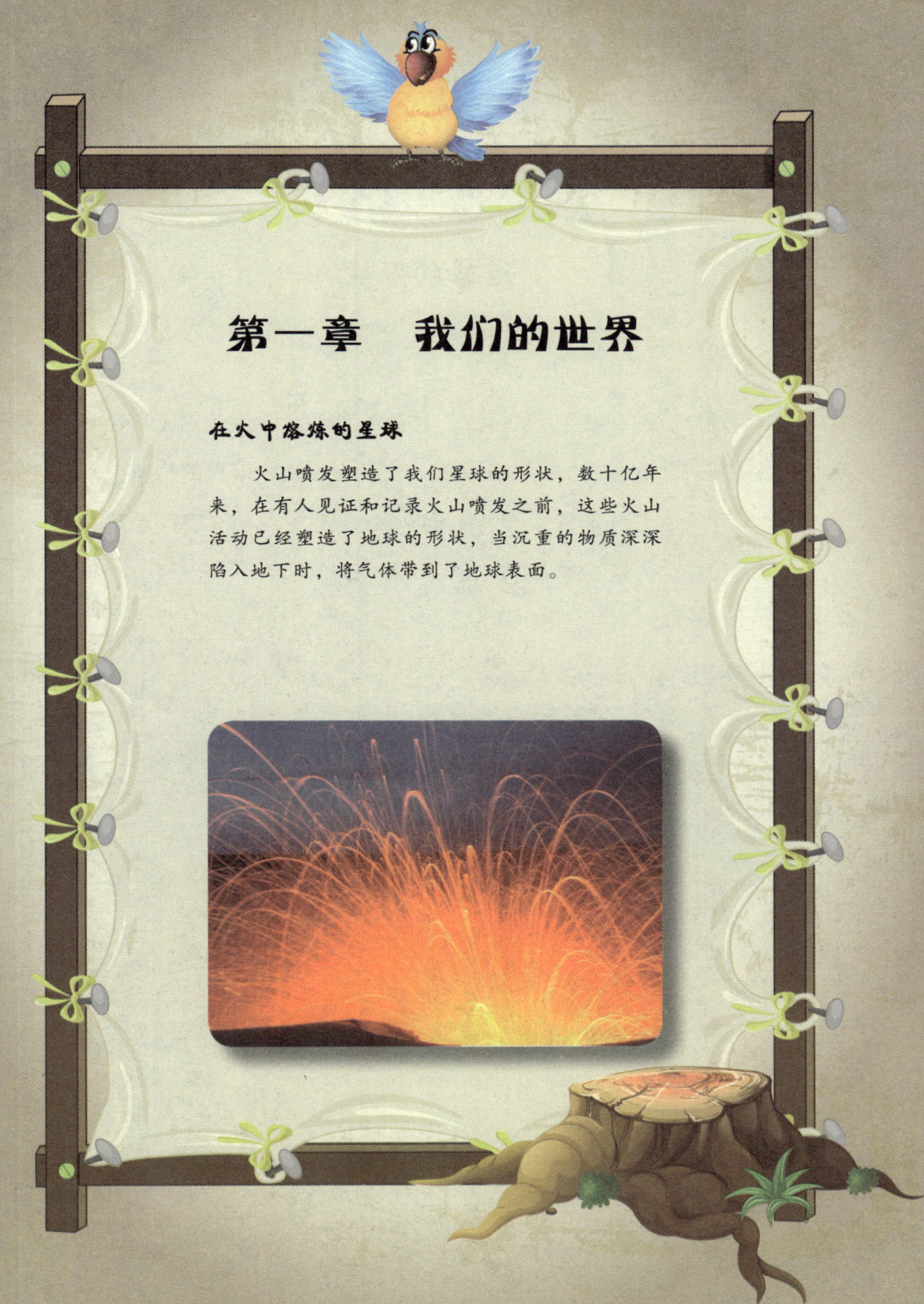

21 火山

地球的形成

地球大约有45亿年的历史。在最初的5亿年期间,这个年轻的星球是炙热的,表面有半流质的熔岩。慢慢地,最重的物质沉向地球中心,最终形成了一个金属的核。较轻的物质上升到地球表面,喷发出大量的泡状的混有气体的液体熔岩。

▼ 斯特龙博利岛上的火山从海底上升2000米,在过去至少2000年以来几乎不断地喷发着。

地球内部

现在，经过40亿年沸腾的活动，地球相当稳定，它被分成了几层。在地球最中心的地方，存在着一个超级热的金属内核，它和太阳表面的温度一样高，约6000摄氏度。外核是一层产生地球磁场的熔融金属液。再外一层是厚而质密的半熔化的岩石覆盖层，被称为地幔。

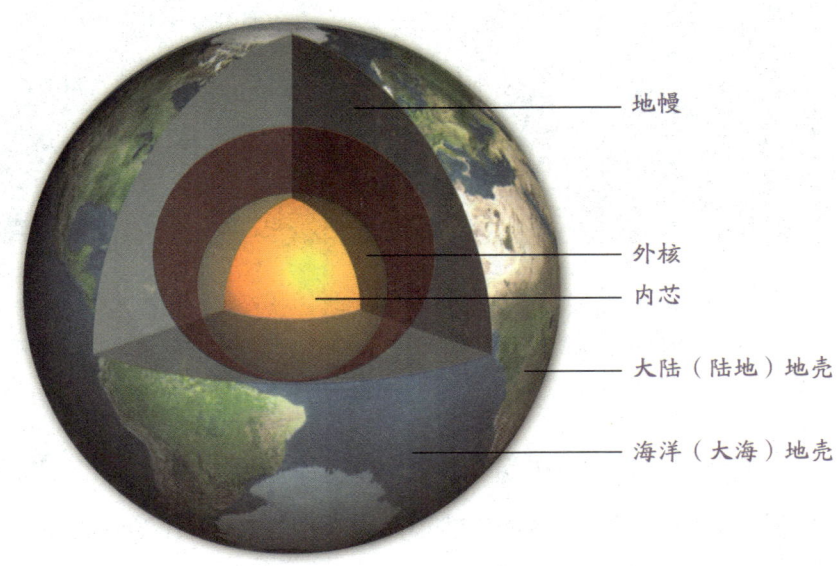

地幔

外核

内芯

大陆（陆地）地壳

海洋（大海）地壳

第一章　我们的世界

21 火山
st CENTURY SCIENCE

▲ 当1815年印度尼西亚松巴哇岛的坦博拉火山喷发后，数百万吨的碎片在地球周围被吹起，降低了全球的温度。新英格兰在6月下起了雪。

地幔很热，向深处缓缓流动，但接近地表的地方较厚、温度较低。即使再向上，地幔仍然很热，温度达800—1000摄氏度。地球的最外层——地壳——相较薄得多，它支撑着地球上所有的陆地和海洋，是我们对地球唯一了解较多的一部分。即便我们最精良的挖掘和钻探设备都无法到达地壳以下几千米，进入到地幔部分。地幔大部分地方都是从地表以下5万—8万米开始的。

陆地和空气

数十亿年前，火山活动迫使大量被困在地球内部的气体喷到地球表面。

一种有毒的混合气体，包含氨、氮、二氧化碳和甲烷，从火山中喷出，地球的气层逐渐形成。植物和藻类通过分解二氧化碳释放出更多的氧气，使动物有了可以呼吸的空气。很久以前，火山喷发可能给地表带来足够可以维持生命的水，形成了海洋。今天，从火山喷发出的熔岩仍然包含约4%的水。在过去的1万年中，已知超过1500座火山已经喷发，有些火山多次喷发。可能还有更多我们不知道的火山，新的火山也在不断地出现。

穿越时间

在人类相对短暂的历史时期中,大规模的火山喷发是罕见的,我们现在指的是特别大的作为超级火山的例子。最后一个已知的超级火山喷发是印度尼西亚的托巴火山喷发,大约发生在7.3万年前。它制造了大约10亿吨的火山碎片,释放出的能量相当于美国1980年华盛顿圣海伦斯火山喷发的3000倍。托巴火山在30万—40万年间每隔一段时间就会喷发一次。

最近一段时期,最大的火山喷发——有记载以来历史上最大的一次——是印度尼西亚的坦博拉火山喷发。1815年,它毁灭了这个岛屿,相当于300万颗1945年第二次世界大战期间落在日本广岛的原子弹的爆破力。这次火山喷发导致的死亡人数超过9万,影响了全球的气候数年之久。

▶ 在地球的地幔深处温度很高,天然钻石在巨大的压力中形成。

课题研究：

地球内部

研究内容：科学家试图模仿和调查地球内部深处的条件，估计地核和地幔的温度。

研究团队：一个工作组与英国牛津大学地球科学系的安德鲁·P. 杰夫科特博士一起工作。

研究过程：科学家利用金刚石铁砧在一定压力下挤压小的矿物质样本，类似于那些挤压地球中心的力量。铁砧包括两块完全平坦的金刚石，以极大的力量相互挤压，然后从中间取一个样本。由于金刚石是透

第一章 我们的世界

明的，激光可以照射它们给样本加热。通过直接给矿物质样本照射强大的X射线，研究小组揭示了其内部的原子排列。以这种方式，他们看到了矿物的原子结构在不同压力下的变化，和给与地球中心的压力一样剧烈。

研究结论：地球的中心比先前认为的要热得多。内核的温度高达6800摄氏度，外芯高达5300—5800摄氏度，地幔基部的温度高达4300—4800摄氏度。

构造板块

地球的上面一层——地壳和地幔的最上部——被分成块，称为构造板块。地球表面有12个大板块和几个较小的板块，它们漂浮在厚厚的半熔化的地幔熔岩上，形成一个非常薄的固态表面。

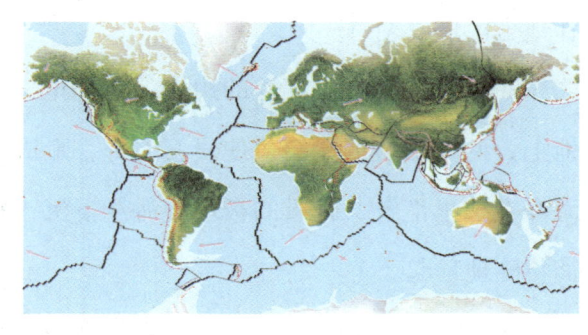

▲ 地球板块之间的边界是世界上大多数火山的位置所在（红点）。粉红色箭头指示了板块运动的方向。

移动的大陆

当热的岩石上升至地球表面时，地幔的熔岩开始沸腾和循

火山

环，冷却后再次下沉。构造板块被顶到上部，慢慢地使大陆移动，这被称为大陆漂移。在它们的边界，板块推、拉或互相摩擦对抗时，火山和地震就发生了。有三种类型的边界：

·相异的，或结构性边界，在那里，板块的移动方向相反，在地壳中形成裂口。

·聚合的，或破坏性的边界，在那里，板块互相碰撞。在陆地上，两个板块可能会迫使岩石上升，形成巨大的山脉。陆地与海洋在那里汇合，较重的板块使海洋下沉，在较轻的板块边缘下面将陆地顶起。

·变形的，或压低的边界，发生在板块相互摩擦的地方。当板块被卡住时，压力聚集，板块运动再次抖动时才能释放压力。地震就可能发生在这里。

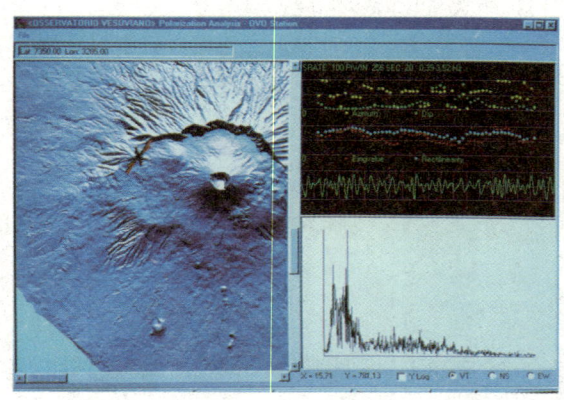

◀ 火山监测站利用计算机来监测火山活动。

科学生涯

亚当·M.杰翁斯基教授是一位地震学家，他作为地球物理学家在波兰接受训练，现在是美国马萨诸塞州哈佛大学地球与行星科学系的教授。

一日掠影……

地震学家测量和记录地震波。地震波穿越地球，有些波从地球表面通过，其他的波渗透到核心。它们以不同的速度穿过不同类型和不同温度的岩石，所以可以从地球内部采集大量的地震数据绘制地图。

火山

1971年，杰翁斯基教授证明，地球的内核是固态的。最近，他开辟了地震层析成像科学领域，这是一门利用由地震数据计算出的信息来构建地球内部结构图像的科学。杰翁斯基教授也用地震断层摄影法研究板块的构造运动。

斯人斯语……

"'地球内核的中心'可能是自地球形成以来留下的最古老的化石。其来源仍然不明，但它的存在可以改变我们对这个星球的起源和历史的基本观点。"

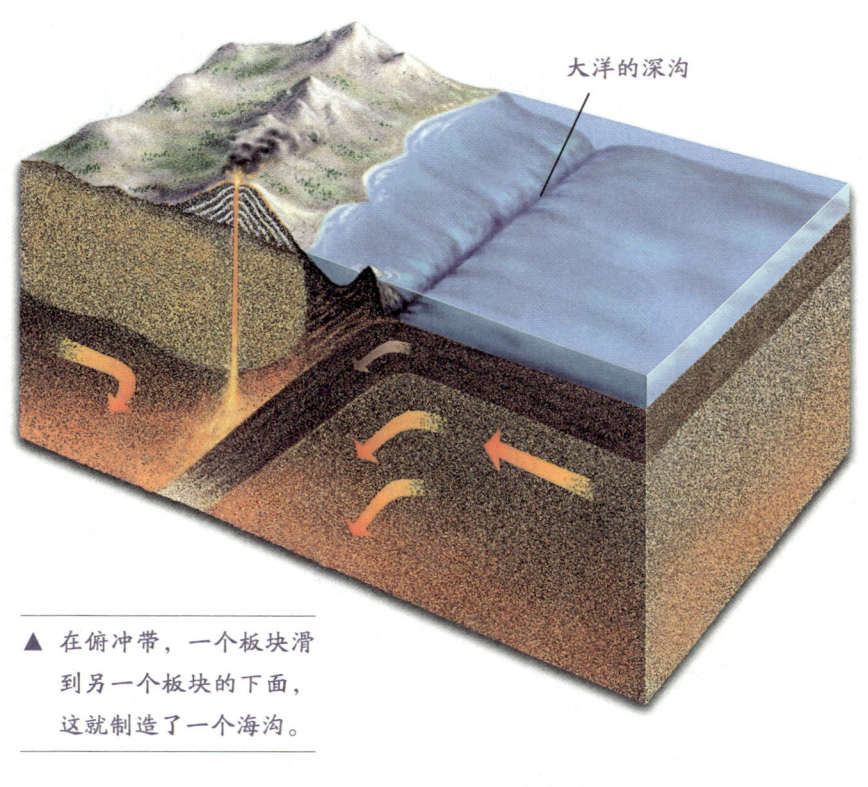

▲ 在俯冲带，一个板块滑到另一个板块的下面，这就制造了一个海沟。

大洋的深沟

新的陆地替代旧的陆地

　　形成大陆的岩石已经很古老了，但海底还在不断地更新，岩浆从位于不同断层的地幔裂缝中渗出。这些裂缝或裂谷区，穿过印度洋，沿着东太平洋延伸到大西洋中部。当岩浆变硬堆起时，

第一章　我们的世界　025

就形成了巨大的山脊,它比陆地上被发现的任何山峰都高。整个海底向大陆徐徐移动。

当新的岩石出现在海洋中时,原来的海底就碰到了海岸。在陆地和海洋的边界,构成海洋板块较重的地壳被挤压到较轻的陆地板块下面。

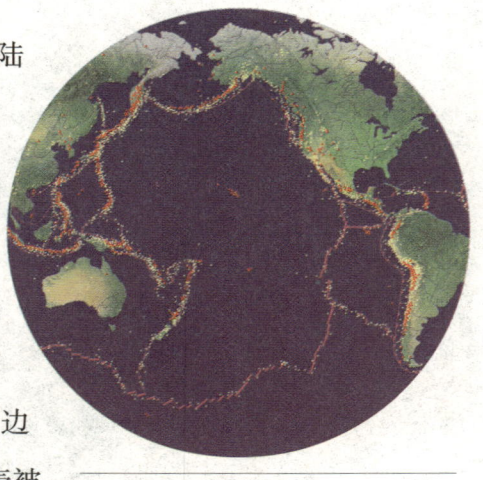

▲ 在巨大的太平洋构造板块的边界周围的火圈内运行着452个火山(红色三角形)。

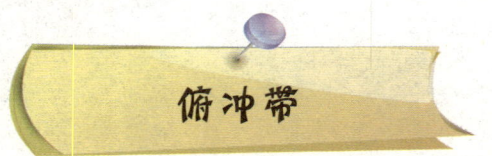

海岸线附近的陆地下面对原有海底的拖拽,被称为俯冲,发生俯冲的地方被称为俯冲带。原有的岩石被拖向地底深处,在那里熔化。一些最轻的岩石穿越火山时被反弹回来。大多数陆地火山在俯冲带被发现,许多火山出现在环绕太平洋的国家中。被称为"火圈"的一个巨大的火山圈在太平洋周围运行。

科学生涯

查克·德梅斯是一位地球物理学家,他研究地球的结构,通过观察地壳岩石,调查研究构造板块是如何移动的,以及它们的地质特征是如何形成的。他是美国威斯康星-麦迪逊大学的教授。

一日掠影……

德梅斯教授使用卫星导航系统——又被称为GPS全球定位系统——追踪活跃断层周围的地面运动,制造出三维的计算机模型来显示构造板块的运动。他的目的是要发现地壳从几天到数百万年的时间内是如何变形的,从而了解地震的周期。一个标准的野外观测通常在很远的地点,准备设备并进行测量需要15—18个小时的时间,作为调查的一部分,要用几个月到几年的时间才能完成。2003年1月,他的团队被墨西哥的一场大地震所吸引。他们用了2周时间在该地区进行测量,观测地震中地壳是怎样发生变形的。

斯人斯语……

"科学研究是我能想象的最具挑战和最激动人心的工作。我们传授知识,前往异国情调的地方旅行,发现新的知识,希望使地球能处于比过去更好的状态。"

热点火山

大多数火山喷发发生在板块边界，但一些火山似乎不知道从何而来，它们出现在构造板块的中间。在一个板块中的一排火山显示火山活动在同一地区已经发生了数百万年，这些地区被称为热点。最著名的热点火山列岛是夏威夷群岛。夏威夷大岛只是在过去数百万年所形成的岛屿链中的最后一个，最古老的岛屿已经被侵蚀，沉在波浪之下。板块缓慢移动，但热点火山停留在同一个地方，当热点之上的新的地壳移动时，形成新的火山。地球表面的每一个部分都会发现自己曾经大约每5亿—8亿年就会处于一个火山热点之上。

死火山

当板块移动，火山不再由热点火山提供能源时，火山便逐渐

▲ 夏威夷的珍珠和赫尔墨斯礁是一个环状珊瑚岛——它们已远离火山的热点地区，被海水冲刷磨蚀。

火山

腐蚀。更古老的夏威夷群岛已成为环礁。这些岛屿不再具有火山喷发性,从而成为死火山的残余部分。

▼ 当岩浆从地幔深处喷射出来,并在地壳上砸出一个洞时,大岛就形成了。

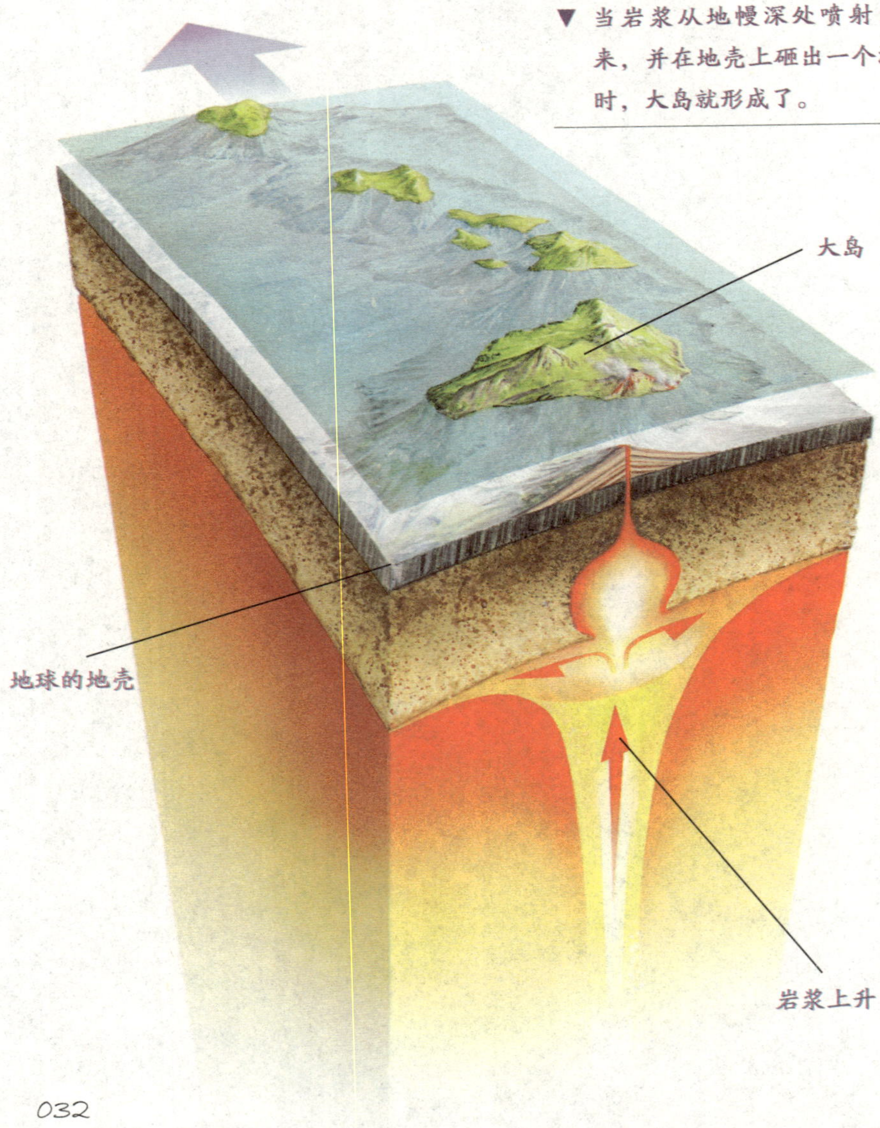

大岛

地球的地壳

岩浆上升

研究内容：夏威夷火山观测站不断地监视夏威夷群岛上的火山活动。作为一个重要的研究中心，夏威夷同样吸引着想要了解和见证火山活动的人们。

研究团队：一队地震学家、地质学家和其他科学家在吉姆·卡西卡瓦博士的指导下工作。

研究过程：科学家利用一个由51个地震仪组成的网络进行火山监测活动，大多数被安置在基拉韦亚火山周围。它们记录了每年由

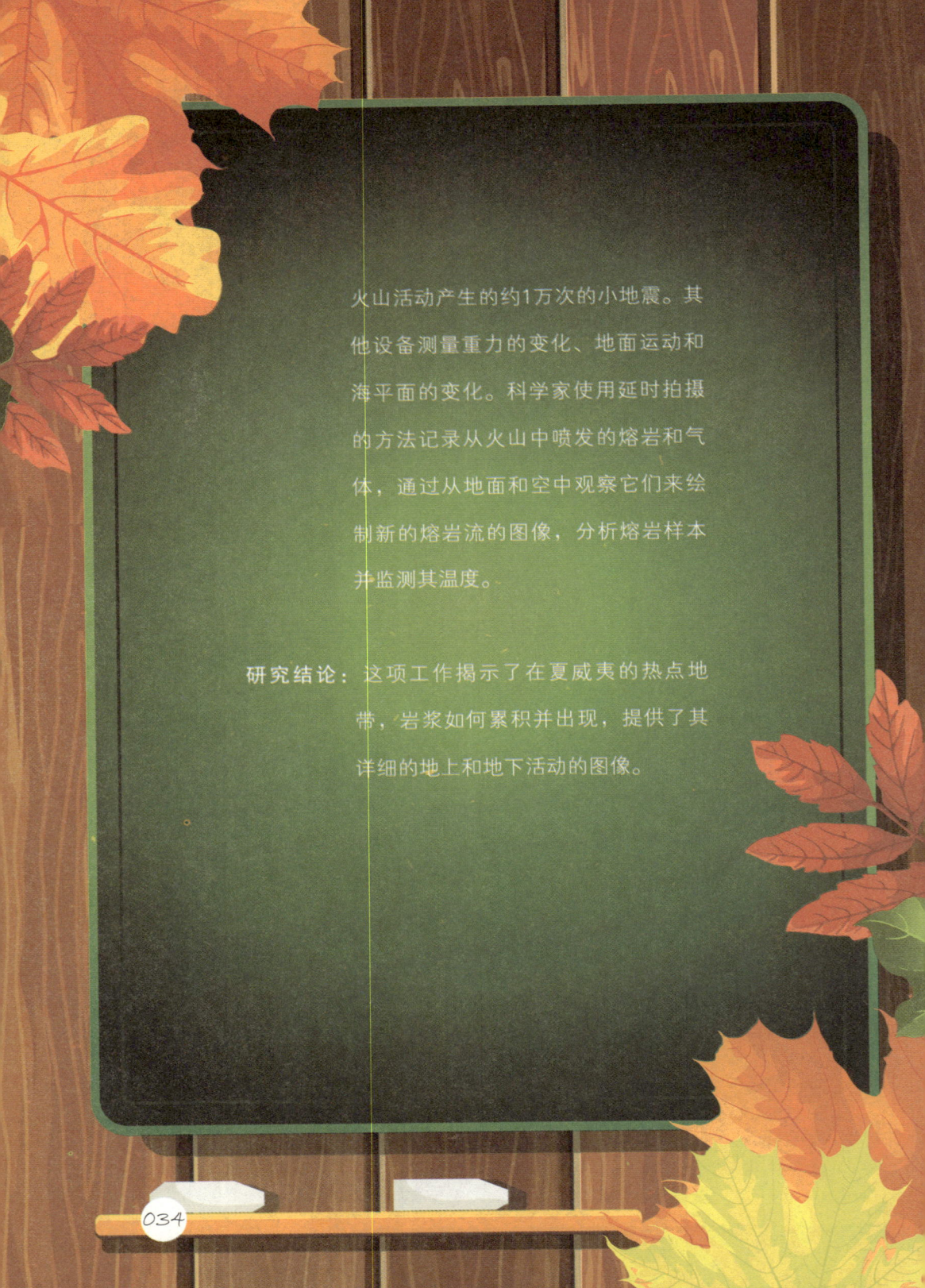

火山活动产生的约1万次的小地震。其他设备测量重力的变化、地面运动和海平面的变化。科学家使用延时拍摄的方法记录从火山中喷发的熔岩和气体，通过从地面和空中观察它们来绘制新的熔岩流的图像，分析熔岩样本并监测其温度。

研究结论：这项工作揭示了在夏威夷的热点地带，岩浆如何累积并出现，提供了其详细的地上和地下活动的图像。

第二章 穿越时空的火山

过去的火山活动

地球上的景观提供了最好的有关过去火山活动的记录。其凹陷和裂缝、高耸的山峰和岩石柱、岩石层和掩埋的化石中都包含有过去火山活动的线索。火山学家和地质学家研究这些线索，以及更多人类关于最近喷发的火山的描述，一起汇集出地球上火山的历史。

▼ 美国新墨西哥州的希普罗克是被侵蚀的火山颈遗迹。

第二章 穿越时空的火山

火山周围

地球上有许多我们认为不再具有火山喷发性的地区,那些地区在遥远的过去已经形成了景观。山脉、高原和高耸的岩石柱揭示了数百万年前的火山活动。

熔岩的内陆河

平坦广袤的大片陆地也可以是一个主要火山喷发的遗迹,这似乎令人感到惊奇。大量倾泻的熔岩淹没乡村,填满河谷,经过数百万年后变硬,形成了光滑的岩石河川。一些熔岩河流浩瀚庞大,形成了巨大的景观特征,如美国的哥伦比亚高原。在那里,1400万至1600万年前,熔岩从地面裂缝中涌出,硬化成厚达1600米的地层。

火山的骨架

通常，一个古老的火山的残骸就是它的骨架，它里面是凝固的岩浆。它矗立成一行矿脉或堤坝，在火山自身被磨蚀后向外远远延伸到火山岩石的背后，一个火山体是由火山灰层被挤压成凝灰岩而形成的。它很容易被侵蚀，由风、雨及河流塑造成各种形状。当它被磨蚀时，留下堤坝和冷却的岩浆柱。

▲ 引人注目的火山湖泊的水和岩石的颜色是由细菌造成的。这是黄石国家公园的大棱镜池——美国最大的温泉所在地。

第二章　穿越时空的火山

21 火山

环形山和湖泊

有时，一次巨大的火山喷发会吹开火山，或在其顶部留下一个巨大的火山口，剩下的空间可能充满水，形成一个湖泊。许多火山口湖泊都含有从火山岩石和气体中散发的溶解的矿物质和化学物质的有毒混合物。

▲ 这些海边悬崖的地层位于新西兰的奥马鲁，它们清晰地显现出松软、黑灰色的火山灰层。3400万—4000万年前，海底的火山在那里喷发。

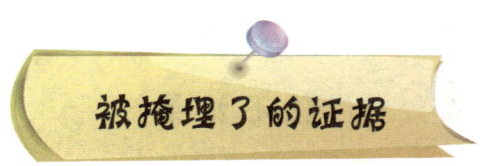

被掩埋了的证据

过去的火山喷发留下了大量的证据。大量的熔岩、火山灰、石头和气体在火山喷发期间被抛向空中。它们落回到地面上，作为数百万年来的证据被科学家获取。

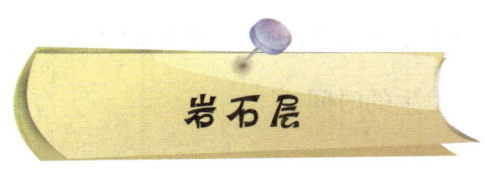

岩石层

许多火山一次又一次喷发，它们周围的陆地是由被挤压的灰层、喷出的石块和沉积物堆积而成。火山附近的土地十分肥沃，因此植物在那里容易生长。当植物死亡、腐烂后，就成为土壤的一部分。这种土壤最终形成一层沉积岩，与火山喷发时喷出的灰层和石头明显不同。

21 火山

化石记录

激烈的火山喷发可以使一个地区所有的植物和动物死亡。一些生命形式可能被瞬间埋在灰或石头或大量的泥土之下，成为化石。如果环境急剧变化，不同类型的动物和植物会在火山喷发之后，在这个地区形成群落。化石的记录保存了这些变化，科学家利用像碳测定这样的技术发现不同化石的年代，并可以确定以前发生了什么以及发生的时间。

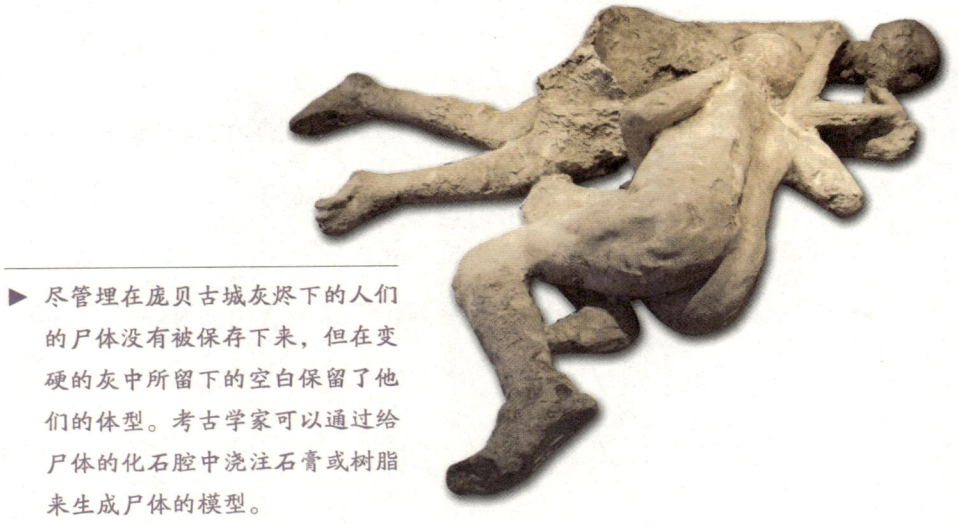

▶ 尽管埋在庞贝古城灰烬下的人们的尸体没有被保存下来，但在变硬的灰中所留下的空白保留了他们的体型。考古学家可以通过给尸体的化石腔中浇注石膏或树脂来生成尸体的模型。

科学生涯

格雷戈里·A. 杰林斯基是美国麻省大学地球科学系的教授，他考察冰芯样本，以显示它们的气候效应。

一日掠影……

冰芯是在格陵兰岛和南极洲的永久冰层上钻冰的冰管。当下雪时，它压紧成为冰层的一部分，并俘获高空大气中的空气气泡和微小颗粒。杰林斯基教授和他的团队通过像数树的年轮那样计算它们，来确定最近的冰层核心的年代。对于年代更久远的冰层，他们研究冰层中的氧同位素，将它们与已知年代的样本进行

21 火山

比较。他们可以将冰层的年代精确追溯到1万年以前。穗状花序的酸性气溶胶和灰是火山喷发的证据。一个调查显示了印度尼西亚岛上托巴火山的大规模喷发发生在大约7.3万年前。它可能引发了7年酷寒的火山冬天，可能使地球气温在之后的1000年保持在一个比较冷的时期。

斯人斯语……

"当你从不同的视角看待事物，并看到了同样重要的结果时，你知道你已经发现了……地球气候系统中一个主要的影响因素。"

▲ 一些科学家认为恐龙的灭绝是6500万年前一次大规模火山喷发的后果。

它们的世界末日

大约2.5亿年前,一次灾难性的事件毁灭了生活在陆地上的大部分植物和动物,以及可能高达90%的海洋生物。在过去的5亿年中,地球上还有其他4次大规模的灭绝,包括发生在6500万年前恐龙的灭绝。

惊天动地的喷发

火山喷发往往抛起巨大的环绕地球的火山灰云和尘埃。有时,灰尘很厚,以至于能够影响气候很多年。较大的火山喷发应该具有同样的效果——增强好多倍。一些科学家认为,大规模的火山喷发可能已经把熔岩倾泻到现在俄罗斯西伯利亚的大片土地上。大约2.5亿年前,这肯定造成了气候和大气的巨大变化,足以灭绝地球上大部分的生命。大气中会充满几百立方千米的火山灰和由溶解于水中产生的硫黄气体所形成的硫酸雾，这些都会遮住太阳光，使温度骤降。

是火山喷发导致恐龙灭绝的吗？

许多科学家认为，一次陨石撞击地球的后果造成了恐龙的灭亡。一些科学家指出，印度德干地盾上巨大的熔岩流有可能是火山大规模喷发的证据。

▼ 印度的德干地盾是台阶状岩层结构，这可能是由大规模火山喷发造成的。

科学生涯

马克·塞夫顿博士是英国伦敦帝国学院的一位地球科学家，他接受过地质和油气地球化学方面的培训。

一日掠影……

塞夫顿博士收集岩石和土壤样本进行分析。他查看植物和动物中的化学物质，使用这些"分子化石"去发现当时的生活是什么样子的。俄罗斯西伯利亚的一次巨大的火山活动造成气候的变化，是接近2.5亿年前二叠纪时期动植物大规模灭绝的原因。塞夫顿博士已经发现了存在于海底岩石上的植物分子遗迹。对这些化学物质的追踪表明，这些植物是毁于酸雨的侵蚀，后来被刮进大海中。没有植物可吃，陆地动物很快就饿死了。植物的根无法在土壤中固定，所以被冲进海里，阻挡光线，从而毁掉海洋生物。

斯人斯语……

"火山喷发不是过去独有的地质事件……鉴定二叠纪末危机的性质，可以帮助我们理解即将发生什么……我们可以更好地准备如何应对。"

火山与人类

在整个历史上,火山使人类恐惧,同时又吸引人类。早期的社会努力利用宗教、迷信和原始科学来解释地球如何能变得如此具有破坏性。

▼ 神秘的马札马火山是美国俄勒冈的一座层云火山。今天,其倒塌的火山口托住了火山湖。

早期的观点

古希腊和古罗马都坐落在几座火山的附近，这对他们的文明产生了巨大的影响。最早以文字形式解释火山的理论是由2500多年前希腊米利都的作家泰雷兹提出的。古希腊人认为是地球内部的风煽起了燃烧硫黄的熊熊大火。后来直到19世纪，欧洲的思想家们才认可了这些观点，只是有一些轻微的改变。

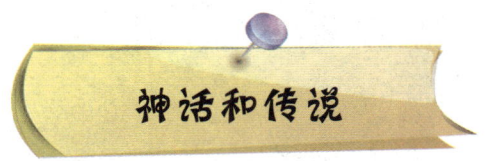

神话和传说

在许多文化中，神话和传说解释或记录了火山喷发。在古罗马，人们认为，如果火和锻冶之神伏尔甘——他以火山命名自己的名字——把他的炉子烧得太旺了，火山就喷发了。

夏威夷神话中讲述了女神佩莱用一根叫做"帕欧"的魔杖挖坑，造成了火山喷发。据说是她与她的姐姐娜·玛克噢卡哈伊旷

第二章　穿越时空的火山　051

 火山

日持久的争吵,产生了夏威夷群岛。有时,神话、传说和当地人民的艺术作品提供了古代火山喷发的证据。美国俄勒冈马札马火山附近的土著马卡拉克人通过描述两个神——山神劳与天空之神斯凯尔——之间发生的一场激烈战斗,解释了猛烈的火山喷发。地质证据已经表明,6000年前的这次火山喷发造成了山体塌陷。

◀ 火和锻冶之神伏尔甘的半身像,陈列在法国巴黎的卢浮宫。

课题研究：

圣托林岛的破坏

研究内容：希腊的圣托林岛，或称锡拉岛，是大约在公元前1750年一座马蹄形巨大火山喷发的遗迹。它给地中海沿岸的国家带来破坏，有可能是亚特兰蒂斯岛传说的起源。通过对从火山喷发沉积下来的灰和石头的研究，科学家已经再现了事件发生的原本次序。

科 学 家：莱昂内尔·威尔逊教授是英国兰开斯特大学行星科学研究小组的成员，他从事早期地质的发现研究。

研究过程：地质学家已经通过研究落在圣托里尼火山上的灰与浮石的排序，测量其颗粒的大小，确定了火山喷发的次序。威尔逊教授用已经用他自己开发的数学公式精确计算出火山灰柱和气柱到底有多高，并制定出一个详细的火山喷发的时间表。

研究结论：一个喷发高达28—30千米的火山灰柱和熔岩柱标志着火山喷发的第一阶段，历时约8个小时。然后水进入火山口，开始一次或多次喷发，形成泥石流，历时约1.3个小时。

第三章　激烈活动的地球

从火山内部观察

　　火山从地球地幔到地球表面有一条岩浆流淌的路径，无论是一次偶然猛烈的喷发，还是在几年或几个世纪以来保持缓慢、稳定流动的喷发，火山喷发的方式决定着它们如何发展以及它们最终的形状。

火山的类型

一座顶部有火山口的典型火山不是火山唯一的类型。一些火山看上去根本不像山,其他一些火山断断续续且不规则,那是被它们自己激烈的活动损坏后失去形状的结果。

火山学家已经将火山划分为三种主要的类型:盾状火山、火山渣锥和层云火山——尽管还有其他的类型。他们根据火山的形状、组成的物质以及喷发的方式将其进行了划分。

▼ 夏威夷的冒纳罗亚火山是一座盾状火山,它是地球上最大的火山,占地面积7.5万立方千米!

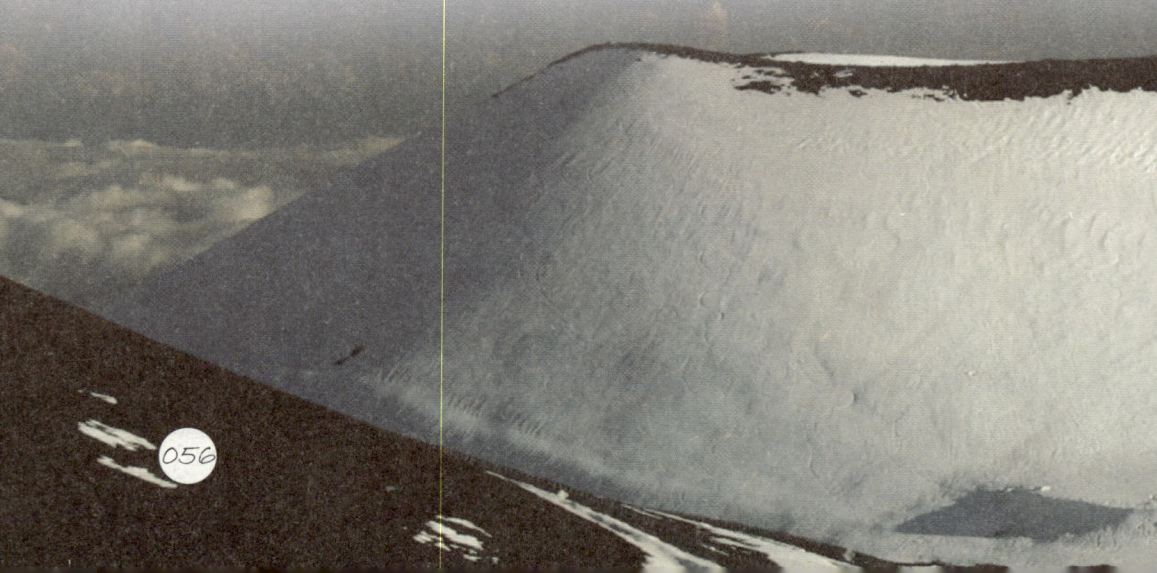

盾状火山

　　盾状火山，就像那些夏威夷群岛上的火山，是巨大的、缓缓倾斜几公里长的穹丘。当熔岩从地面裂缝中渗出很长一段时期后，形成这些火山。尽管它们看起来不像山脉，但夏威夷群岛也是所形成的世界上最高的火山。最大的火山是冒纳罗亚火山，它从海底上升到最高峰有8700米。熔岩温和地喷发，盾状火山基本上不危险。

 **火山**

▲ 有三种类型的火山口：熔岩丘（左图）小而狭窄，由熔岩喷发所形成，当它落地时，熔岩被熔化；马尔斯（中图）通常宽达一公里，当地面水与岩浆接触，发生爆炸后形成；火山渣锥坑（右图）将熔岩高高喷到空中，在落下成为灰岩之前凝固。

火山渣锥

一个火山灰烬锥状物，或火山渣锥，是一个典型的火山形状。熔岩从火山口倾泻而出，通常喷到大气之中，在那里破碎成凝固的碎片。它作为灰和岩石落到地上，堆积成锥形，通常在顶峰有一个碗状的火山口。火山渣锥的高度通常不超过1000米，在喷发的短时期内快速增长，然后熄灭，慢慢地腐蚀。

层云火山

　　层云火山，或混合式火山，比火山渣锥大得多，超过数百或数千年才能形成。它们是陡峭的、对称的，有一个中央火山口，周围的通风口和裂缝经常也会喷发熔岩。它们的喷发是猛烈而危险的，有时会吹走大面积的火山。大量的火山灰和灰尘被刮下山坡。每一次喷发之后，它们会逐渐从火山内部再生出来。

▲ 这幅剖面图显示了层云火山的内部结构，岩浆通过中央导管上升，经过火山口向山的两侧喷泻出去。岩浆也从较小的火山口和火山两侧的裂缝中渗出。

第三章　激烈活动的地球

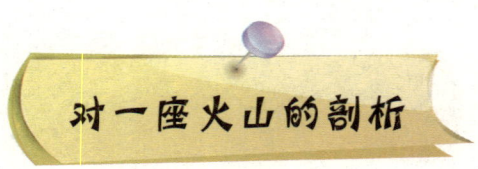

对一座火山的剖析

尽管火山的形状不同,但它们都有一些共同的基本特征。它们从地下深处被供给岩浆,通过一个或多个渠道将岩浆喷到地表。

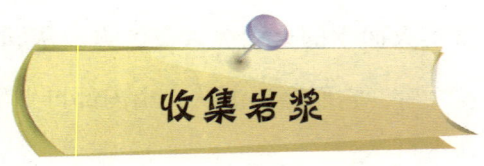

收集岩浆

每一座火山都有一个岩浆池供应岩浆,岩浆池从地幔上升,收集火山深处的岩浆。随着越来越多的岩浆上升,岩浆池增大,熔化周围的岩石,有时会使上方的地面扭曲。从岩浆池开始,岩浆通过一个被叫做导管的管道向上流动至地表。导管宽约30米,从岩浆池延伸出去数公里,末端是火山口,即火山在地表的出口。

岩浆不仅仅垂直经过导管向中央火山口流动,通常,在较小的火山口和山两侧的裂缝中都有岩脉的出现。

所有平静的火山

当一座火山不喷发时，火山口和导管通常被多年的火山岩所阻塞。这是在火山喷发结束时已经变硬的岩浆，或者在火山喷发时，部分火山被炸开的岩石落回火山口造成的。

▶ 1994年，但丁二代机器人探索斯珀火山的火山口，这是位于美国阿拉斯加的一座活火山。

第三章　激烈活动的地球　061

火山

科学生涯

但丁二代是机器人火山学家,由美国宾夕法尼亚州的卡内基梅隆大学和美国国家航空航天局共同制造,用以调查活跃的火山。这个机器人进入到对于人类来说过于危险的地区和环境中进行探索。

一日掠影……

1994年,但丁二代的工作包括进入阿拉斯加斯珀活火山的火山口中进行拍照及收集气体和岩石样本。但丁二代被绑在一根电缆上,它爬下陡峭的火山口壁,成功越过松散的岩石、火山灰和冰层。尽管它险些被好几块歪歪斜斜的巨石压碎,但但丁二代最终还是到达了火山口的底部，传回了视频画面，并且采集了样本。在返回的途中，但丁二代滑倒了。在直升机救援的过程中，它再次摔落，严重受损，最终被空运出来。但丁二代现已退役，作为一个机器人展的一部分在美国参展。

斯人斯语……

"制造机器人用以承受许多热、冷、烟雾等恶劣条件。机器人最好的一个方面是它可以许多天，甚至几周、几个月停留在实地并采集样本……"——约翰·巴雷斯，卡内基梅隆大学但丁二代项目的负责人。

21 火山

▲ 苏格兰爱丁堡坐落在城堡岩石上,是一座死火山遗迹的一部分。

不断生长的火山

从第一次喷发开始,熔岩、火山灰和石块开始堆积形成火山。熔岩会渗出、变硬,或被喷到空中,分散开来,堆积成山脉。

火山喷发之间

有些火山几乎不断地喷发,每隔几年、几个月,甚至几天就有温和的喷发活动。其他火山每隔几百年或几千年喷发一次,有些火山的喷发周期可能是数百万年。通常情况下,最危险的火山最不经常喷发,它们用更多的时间聚集大量的岩浆。当一座火山有能力喷发时,它被描述为活跃的火山。在喷发之间可能有很长的间隔时间,这段时期被称为休眠期。

死火山还是休眠的火山?

当一座火山不再能够喷发,它被描述为死火山。很难判断一座火山是否真的已经熄灭,或只是处于休眠状态。数千年已经没有喷发的很古老的火山,没有一丝炽热岩浆的痕迹,被归类为死火山——但有些死火山仍然可能会让我们惊讶。

21 火山

▲ 美国华盛顿的圣海伦斯山的部分山体被1980年的火山喷发吹散。

形状的改变

　　一座火山的形状可能随时间的推移而发生变化，岩石被风、天气、水和冰所侵蚀。这可以发生在两次火山喷发之间，或在这座火山熄灭之后。在火山喷发期间，当岩浆从地下岩浆井中涌出时，火山也可能增长和发生变化。有时，较大范围的喷发吹散部分甚至全部的山脉，或者坍塌到自己空的岩浆室中。

研究内容： 在新西兰北岛的塔拉纳基山是新西兰的第二大火山。对过去发生在那里的火山活动还没有人类的记录。科学家已经调查了以往火山喷发的辐射性沉降物，这已经帮助他们确定了这座火山多长时间喷发一次。

研究团队： 新西兰梅西大学自然资源研究所的肖恩·克罗宁博士和博士生迈克尔·特纳。

课题研究：

研究过程： 研究人员在这座火山附近的湖床上钻孔来提取火山沉积物的样本。通过分析这些样本，他们发现超过100层的火山灰和浮石被沉积在这里，长达数千年。这些早期火山喷发的产物会给我们提供在未来可能发生什么的线索。

研究结论： 塔拉纳基山在过去的9000年中，至少每隔90年喷发一次，每500年有一次大规模的喷发。其最近一次大规模的喷发发生在1655年，它已有200年没有喷发过，所以再次喷发有可能会姗姗来迟。

不知从哪儿来的火山

墨西哥一片平静的麦田是20世纪最显著的火山诞生地点之一。帕里库廷——一座全新的火山——给火山学家提供了一个观看一座不知从哪儿来的火山的机会,它在短短几年内喷发,然后熄灭。

▼ 1943年,当地村民观看帕里库廷火山喷发后形成的烟云。

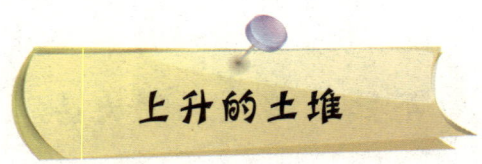

1943年2月20日，迪奥尼西奥和保拉·普利多在农场上焚烧灌木时，他们面前的地面开始上升、裂开，开裂成一个2.5米宽的裂缝，从中喷出烟和雾。在不到24小时的时间内，已经长出了一个50米高的火山渣锥，喷发的熔岩块碎成小石子落下。到那周结束时，新的火山增高到100米，混有灰的雨降落到附近的村庄。

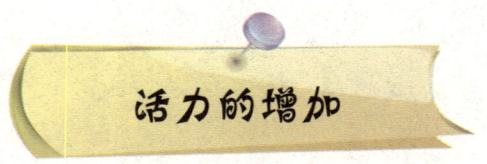

这座新火山的活动变得更加强有力，很快就产生了几千米高的火山灰和气柱。倾泻的熔岩和火山落灰影响到附近的居民区，帕里库廷周围的村庄被熔岩淹没，只有教堂的塔没有受到影响。

逐渐消失

一段急促的活动之后，帕里库廷火山减缓了喷发速度，最终在1952年完全停止喷发。它在过去几十年里几乎没有增长过，而是从火山渣锥底部渗漏熔岩，其最终高度是424米。当侵蚀对火山造成重大损失时，它被慢慢地磨损殆尽。

▲ 苏特西火山岛离冰岛南部海岸约32公里。

第三章　激烈活动的地球

课题研究：

火山的诞生

研究内容： 从大西洋中部延伸穿越冰岛的裂谷带，由于火山的活动形成了新的陆地。1963年和1967年之间，诞生了一个新的岛屿——苏特西岛，这给火山学家提供了观看整个火山诞生过程的机会。

研究团队： 来自冰岛和世界各地的科学小组在研究苏特西岛的出现。

研究过程： 这座火山的喷发在1963年11月被首次发现。仅仅十天之后，出现了一个新的900

米×650米的岛屿。科学家观察并拍摄了岛的增长过程，从三年半多的火山活动中采集气体和熔岩样本。火山活动一旦停止，生物学家和植物学家就开始追踪这座作为一个新栖息地的岛屿的发展，他们发现其首先被苔藓和地衣所占领，然后是植物、昆虫、鸟类和其他动物来这里形成群落。

研究结论：通过分析所收集的样本和数据，火山学家确定了一个时间表。首先，熔岩渗漏到海底，然后更具爆炸性地喷发，聚集了成堆的火山岩。当火山足够高时，阻挡了海水进入火山口，喷发变得不那么猛烈。熔岩流和喷液与松散物质粘在一起以保证靠海的岛屿的安全。

死亡与再生

当火山煤渣锥,如墨西哥的帕里库廷火山,在一个短暂的喷发活动期后熄灭并慢慢地侵蚀,盾形火山和层云火山则在更长的时期内一次又一次地喷发。当平息或处于休眠状态时,它们为生物提供了一个富饶的生长环境。

再生和更新

火山灰成为肥沃的土壤,植物生长繁茂,很快会吸引昆虫、鸟类和其他动物来到这座平息的火山。许多人类社会在火山附近发展起来,因为这里土壤肥沃,易于耕作,能够生产出丰富的农作物。被火山喷发摧毁的地区,植

物和野生动物只需要很短的时间就能够再次形成生物群落。

不幸的是，一次新的火山喷发可能会很快彻底摧毁建立在火山斜坡上的新生命。

火山的改造

植物和动物迁移到地面上生活时，岩浆在地下的岩浆池中再次聚集，可能在几年甚至数百年中都不会有明显的迹象。有时，山开始隆起、膨胀，或随着岩石向下移动，增长成新的露出地面的岩石。一种新的锥体可能生长在原有的火山口或小的熔岩穹丘内，如微型火山，它会迅速出现在山坡之上。

◀ 火山土壤十分肥沃，易于耕种，因此人们喜欢居住在火山附近。

21 火山

▼ 阿纳喀拉喀托火山是喀拉喀托火山群中最年轻的岛屿。它出现在大约80年前，植物漂浮或被吹到那里后，才刚刚开始建立自己的种群。

课题研究：

观察喀拉喀托火山

研究内容：1883年，印度尼西亚的喀拉喀托火山发生喷发，摧毁了岛上所有的生物。科学家已经在那里发现植物和动物有再次出现的迹象。

研究团队：从1884年开始，荷兰科学家开始研究这个岛上重新出现的生态系统。对植物生长的研究，是在美国俄亥俄州立大学动物学助理教授马克·布什的领导下进行的，今天仍在继续。

第三章 激烈活动的地球

研究过程：从1884年到1930年，科学家注意到了每一种新的植物和动物物种的出现。今天，布什的团队已经对岛上许多独特的树木进行了标记，使他们能够对新标本的出现进行追踪，以及记录已经出现的树木的生长和死亡。

研究结论：迄今为止，喀拉喀托火山的雨林中仅有80个物种——只占本应该有的生物的10%。这表明，一个雨林要从灾难中恢复过来，需要有比科学家先前认为的更长的时间。这个信息对人类开发世界其他地方的雨林有重要的启示。

第四章 喷发!

是喷发的时候了!

　　火山正在喷发时,是最令人兴奋的但又是致命的。火山喷发对科学家来说是一个令人兴奋的时刻,一次重要的火山喷发,吸引了来自世界各地的科学家。然而,它会对住在火山附近的人们产生可怕的后果。

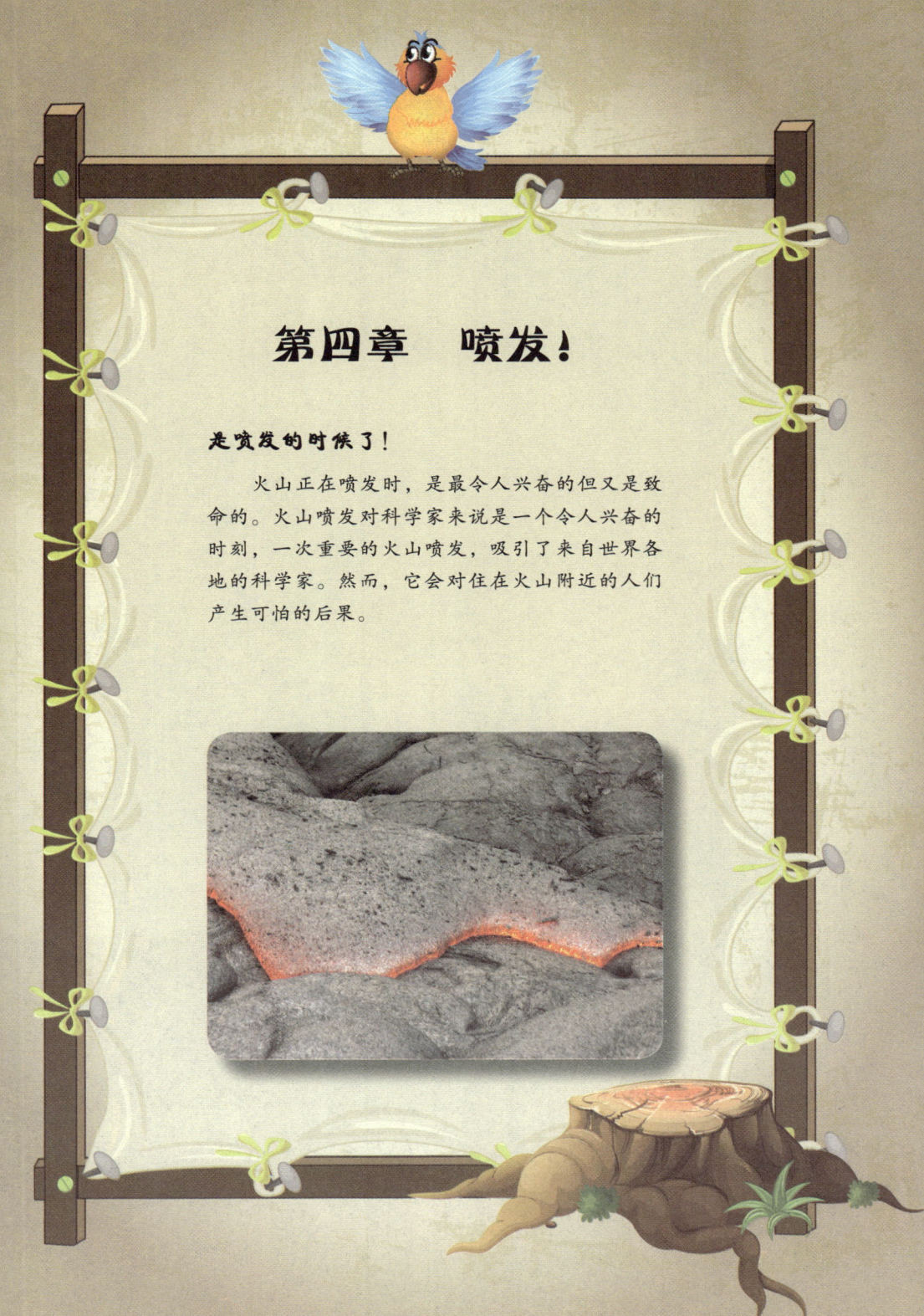

21 火山
st CENTURY SCIENCE

▲ 气体和烟雾从意大利西西里岛的埃特纳火山口逸出。埃特纳火山持续的温和活动定期产生出小型熔岩流，释放出气体。

做好准备

尽管一座火山可能多年处于休眠状态，但最终它会再次喷发。火山喷发前经常会有一些征兆——隆隆声，这是大地发生震动或沼气涌出火山口时的声音，但并不是所有的火山都会提供这些有用的迹象。

聚集的岩浆

随着越来越多的岩浆上升，岩浆室开始膨胀。当压力加大时，迫使岩浆开始流向地表，顺着导管向火山口流淌，并经过岩脉向山体渗漏。地面可能膨胀并变得暖和起来，气体从裂缝和被叫做喷气孔的孔洞中逸出。科学家观察火山，收集气体进行分析，使用激光测量技术观察地面形状的变化。利用热成像技术，他们可以研究火山温度的变化情况。

轰隆声

发出轰隆声和巨响声,通常是火山即将喷发的警告。这些噪音是由接近地表的岩浆气体逸出或岩石开裂时产生的。如果住在附近的人们知道如何解释这些声音,他们会在火山喷发之前有时间安全离开该地区。

▼ 科学家对日本的云仙火山进行钻探,以了解其喷发的过程。

▲ 当克里斯蒂娜·赫利克博士在夏威夷的基拉韦亚火山喷发期间收集炽热的熔岩时，她得先保护住自己的脸。

第四章 喷发！

在压力下熔化

随着更多的岩浆从地下升起,挤压进已被聚集的气体之中无法逸出,火山内部的压力变得非常大,它开始熔化山周围的岩石。大量岩浆在岩浆室、管道和岩脉中增加,朝火山口方向向上流动。

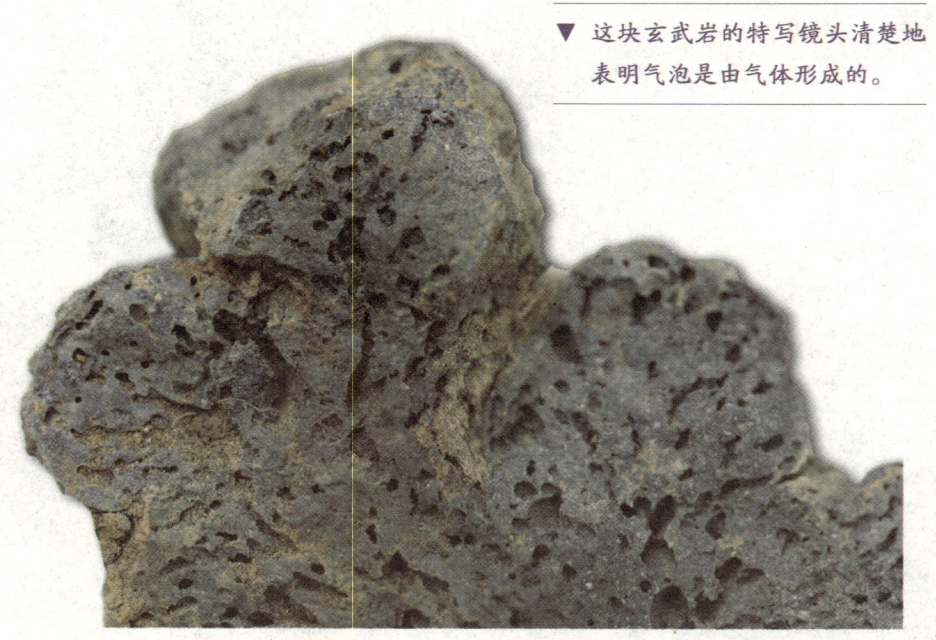

▼ 这块玄武岩的特写镜头清楚地表明气泡是由气体形成的。

火热的大灾难

当火山最终开始喷发，究竟会发生什么取决于火山和熔岩组成的类型。

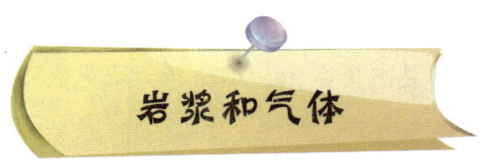

岩浆和气体

所有的岩浆并不都是一样的，有些岩浆含有大量液化的水，流动性很强，它可能会沿着斜坡倾泻而下，流入河中。较黏稠的含水较少的熔岩像从牙膏管中挤牙膏那样渗出，在火山口附近堆积起来或顺着火山的斜坡慢慢向下流动。气体直到压力或温度下降之前，在岩浆中一直保持溶解状态，然后形成气泡，岩浆的体积大面积增加，迫使它从火山中喷发出来。

岩浆中包含的气体越多，喷发起来就越猛烈。含有大量气体的黏稠岩浆导致爆炸和危险的喷发。充满气体的稀薄熔岩会产生壮观的喷泉或巨大的火焰屏障。

21 火山

科学生涯

克里斯蒂娜·赫利克博士是一位火山学家,她在夏威夷火山观测站工作。她起初研究冰川,但当1980年美国华盛顿州的圣海伦斯火山喷发时,她志愿帮忙,迅速转为研究火山学。

一日掠影……

赫利克博士与其他两位地质学家在夏威夷绘制地图和监测火山活动。日复一日,她积累了详细的熔岩流的记录。她在基拉韦亚火山普欧火山口的地面上工作,活动范围比较大。为获得更多的数据,她也乘直升机危险地飞行,接近喷发的裂缝。每当她接近火山时，她必须穿防热服和戴防毒面具，以保护她免受烟雾的伤害。除了在现场工作，赫利克博士也利用计算机分析她的发现和证明他们所揭示的火山活动。

斯人斯语……

"通常地质学家研究数千或数百万年形成的景观，在夏威夷，我们可以看到火山日复一日激烈的变化，所以火山是很震撼人的工作地点。面对一座活跃的火山，感觉几乎就像是面对一个活着的物体。"

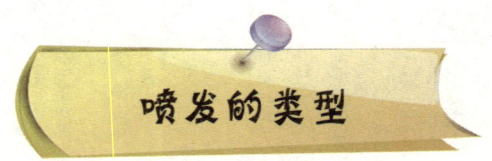

喷发的类型

一些火山会产生危险和猛烈的喷发，而另一些火山则较为温和。普林尼火山喷发，就像在公元79年毁灭了古罗马庞贝古城的那次喷发，是最为危险的火山喷发之一。这些喷发爆炸猛烈，将大量的火山灰和气体喷射到几千米的高空，并可以持续数天。熔岩块凝固，碎成小石块和火山灰降落到地面上。夏威夷火山喷发往往没有很多气体，而是熔岩沿着山坡倾泻而下。但这种类型的火山喷发可以产生更多的气体，制造出巨大的喷射的火山喷泉，不产生火山灰和气体云，因此它们基本不危险。斯特隆博利喷发是以西西里岛外海的斯特隆博利火山命名的。

它们不危险，喷发时间通常比较短暂。喷射出熔岩阵雨或喷液，

▲ 在这次夏威夷火山喷发中，熔岩喷液顺着基拉韦亚东南裂谷的普欧火山口流下。

但很少产生火山灰和熔岩，很少顺着火山的两侧流下来。火山喷发所产生的气体和火山灰柱可以将熔岩块喷到空中。这些熔岩"炸弹"硬化成岩石，当它们坠落到地面时非常危险。这类火山喷发通常不产生熔岩流。

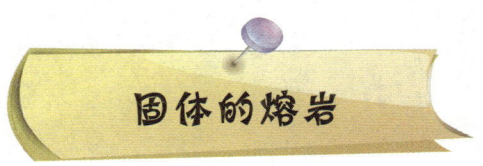

固体的熔岩

小的圆形石头被称为火山砾，它们是已经凝固的熔岩滴，在熔岩的气泡中充满气体。较黏稠的熔岩沿地面流动，变硬后流动速度更慢。即使外面又硬又寒冷，一个大的熔岩流，其内部也可以多年保持灼热。由它形成的岩石很脆，充满气泡，有锐利的边缘。

▲ 传说中"裴蕾的头发"描述了当熔化的物质在风中旋转时，形成火山玻璃丝。

研究内容： 夏威夷的地质学家研究了目前和过去火山喷发的产物，确定了涉及其中的熔岩的组成成分。

研究团队： 在夏威夷火山观测站的科学家，包括克里斯蒂娜·赫克尔（见第73页）。

研究过程： 地质学家从周围岛屿所凝固的熔岩沉积物中收集过去火山喷发的样本。使用全球定位系统，以及从空中拍摄的照片和视频来测量目前喷发的熔岩流。通过研究现存的矿物质和化学物质，科学家发现了火山内部的情况。他们利用这一信息，为当地人民识别和预测危险。

研究结论： 这些研究的结果有助于揭示夏威夷火山是如何喷发的，岩浆从地下深处如何移动，是什么导致爆炸性喷发的，在岩浆和熔岩中，是什么引起了它们物理和化学的变化。

火灾、水灾和烟雾

火山喷发的产物包括液体或黏稠的熔岩、落下的岩石和小石子、火山灰云、气体和炙热的风的混合物。火山喷发也可以引发其他事件，如火灾、水灾，这和火山喷发本身一样会对人类社区造成破坏。

▼ 这个火山泥石流——由火山碎屑物质和水构成的洪水——从新西兰鲁阿佩胡火山的瓦卡帕帕滑雪胜地的山坡上流下。

山崩和雪崩

许多火山喷发伴随着可怕的暴风雨,有些会波及周围的河流和湖泊。水和火山灰的结合物具有毁灭性,巨大的泥石流从山坡上倾泻而下,淹没城镇和村庄。泥,经常有数米厚,就像混凝土。在下雪的地区,火山喷发可能会引发雪崩,将大量的雪推下山坡。

灼热的风

一阵超热气体的烫风被称为火山碎屑流,这是火山喷发中最危险的后果之一。火山碎屑流以每小时100公里或更快的速度流动,温度高达1000摄氏度。这些风在山腰咆哮,焚烧一切,人们瞬间死去,树木、植物和房屋转眼就会变成灰烬。

第四章 喷发! 093

▲ 毕尔巴鄂村毁于2006年厄瓜多尔通古拉瓦火山喷发之后的落灰。

21 火山

火山灰和气体

从一个喷发云中散落的灰可以覆盖大片区域，使人和动物窒息，堵塞飞机和其他车辆的引擎。在一些地区，灰落下后可能会达几十米厚。有毒的烟雾也可以弥漫大片乡村地区。在1783年冰岛火山喷发之后，超过1万人死于饥饿，因为当时有毒的气体毁灭了耕地和动物。

所有在海上的火山

在海下有比在陆地上更多的火山——也许多达2万座，并且大部分从未被反映到地图上或被科学家研究过。

课题研究：

对火山泥流全流量的调查

研究内容：2006年，当一个火山泥流从新西兰鲁阿佩胡火山倾泻下来的时候，来自梅西大学的研究团队迅速赶到现场。

研究团队：火山学家分成三组，包括由火山风险解决方案团队的负责人沙恩·克罗宁博士率领的17名研究生和地质与核科学研究所的维恩·曼维尔博士。

研究过程：研究人员在火山泥流到达前在沿途安置地震检波器。这是第一次使用地震检波

第四章 喷发！

器来揭示流动的火山泥流的内部动态流动，它们发现了宝贵的信息。此外，研究人员观察火山泥流，采集水和沉积物的样本。在火山泥流结束后，他们使用激光技术进行了航测，收集了8.3万个测量数据。这些测量数据被用来建立一个由火山泥流创建的三维通道模型，与早些时候对这个地区所创建的模型加以比较。

研究结论：该火山泥流被发现以每小时最高时速达到35公里的速度流淌。调查显示，已事先准备的大多数火山泥流的预测模型是准确的。尽管这个火山泥流并不是由火山活动引发的，但所收集到的信息将有助于对未来的火山事件作出安排。

海底的火山

当板块移开，成为新的洋底岩石的岩浆岩的来源时，火山在海底形成。它们通常是裂隙火山，像那些在夏威夷群岛上的火山——地面上的缝隙开裂，熔岩渗漏。熔岩在水下几乎立即凝固，形成一个玻板，而不是以基于陆地的火山或附近的块状或易碎的熔岩构成。

▲ 一位潜水员记录了在被淹没的费迪南德火山口的表面温度。研究表明，这座火山在意大利西西里岛以南约30公里处，它可能很快会再次喷发，而此次喷发将导致它出现在海平面以上。

通风口和烟囱

在海底的裂谷带附近，海底的孔在高温下渗漏气体。从气体中排放的矿物质溶解在周围的水里，或结晶形成高耸入云的火山气体，形成漏斗列。这些岩石塔根据它们不同的颜色，被称为黑色或白色的烟囱。它们增长得很快，但是很脆，容易折断。这些烟囱为许多地球其他地方找不到的生物和微生物提供了栖息地。这些微生物能够在极端的温度和酸性条件下生存，它们都是高度分化的，机体依赖于硫而不是氧气存活。它们的物种范围可以从生活在火山通风口内的微生物到巨型管虫和居住在烟囱外的发光的螃蟹。

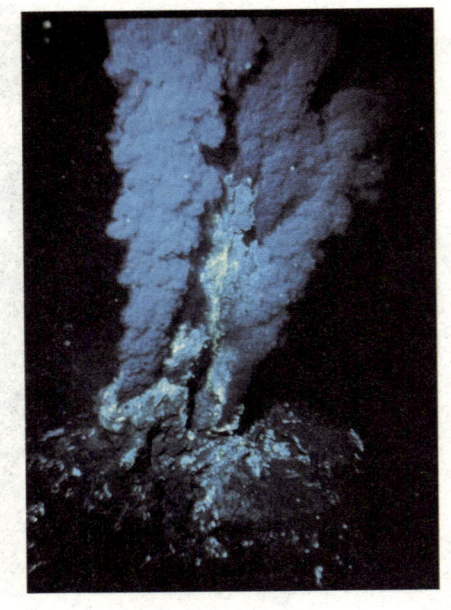

▶ 黑烟囱在海洋中脊散发出火山气体，这些火山口涌出硫黄及富含矿物质的液体。

科学生涯

约翰·R.德莱尼博士是美国华盛顿大学的海洋学教授，他研究深海通风口和居住在那里不同寻常的生命形式。

一日掠影……

德莱尼博士的田野调查在海洋中的一艘船上进行。他的研究团队在没有船上潜水员的带领下，使用潜水机器人潜入海洋中的一些最深的地方。潜水机器人由船上的电脑控制，用电锯和其他工具从黑色烟囱和通风口中收集样本。然后这些样本在实验室被进行分析和研究。海洋的通风口是地球上最后未被开发的栖息地

火山

之一。对它们的研究可以提出揭示生命在地球上如何诞生的重要见解。这第一次向我们展示了可以没有阳光而存在的生命形式的类型，它们在温度高达400摄氏度的水中生存，水中充满着溶解的酸和矿物质。它们甚至向我们展示了在其他与地球生存条件不同的星球上生命如何存在的可能性。

斯人斯语……

"我伟大的梦想之一……是我们对地球上潜艇系统的了解将指引我们准确无误地发现生活在别处的生命。"

海啸！

　　海下或海附近的火山喷发尤其具有爆炸性。如果冷水和热岩浆相遇，会发生猛烈的火山喷发。突如其来的低温岩浆和热的海水会造成大规模的扩张，能够将火山吹开。这些被称为射气岩浆喷发，可能导致灾难性的后果。

▼ 海啸以超过每小时800公里的速度穿越海洋。当它接近陆地时，速度减慢，高度增加，会对沿海地区造成毁灭性的影响。

爆炸性的混乱

当一个岛水下或沿海的火山爆炸时,海常常被冲到被空出的空间内,这就会引发海啸。巨大的浪潮被运动的大量水体所置换。海水即使没有接触到岩浆或熔岩,大量大块的岩石落入海中也足以引发海啸。

致命的海浪

不同于普通的波浪(只是在海水的表面移动),海啸则是从海面到海底掀起大量的海水。在海上,海啸大约只有1米高,几乎看不到,但它以极快的速度移动。然而,当它接近陆地时,海啸速度减慢,增长得却更高。当它击中海岸,成为洪水(高达30米)席卷内陆时,就能淹没沿途所有的一切。一次浪潮已经过去,海水带动一切被海啸卷入的东西再次席卷回来。1883年印度

▲ 没有预先警告，海啸完全可以摧毁整个人类居住区，造成很高的死亡人数。约80%的海啸发生在太平洋。

尼西亚喀拉喀托火山喷发时，很少有人死于火山喷发本身，而它引发的海啸淹没了沿海地区和印度洋诸岛屿，造成3.6万人死亡。

研究内容：科学家勘测北非海岸附近加那利群岛的拉帕尔马火山岛，发现一次喷发可能引发特大海啸，可能跨越大西洋，毁灭欧洲和美国的部分地区。

研究团队：一队由英国伦敦大学学院本菲尔德灾害研究中心的西蒙·戴博士领导的研究小组，一直与瑞士苏黎世瑞士联邦理工学院的计算机模拟专家一起进行研究。

研究过程：戴博士透露，这座火山的东西两半正在

慢慢分离。某一天的一次喷发将分开这
个岛，将会向海里投掷5000亿吨岩石。
计算机模型显示，数十米高的海啸会以
圆圈状席卷整个地区，影响西欧，并越
过大西洋，到达北美和加勒比海地区。

研究结论：海啸将要发生，但没有人能知道什么时
候会发生。戴博士说它发生的几率，在
任何特定的世纪是2000年发生一次。即
使在下一次海啸发生之前有警告，我们
也不可能事先知道它是否会导致这个岛
屿塌陷。

火山与气候变化

气候变化是头条新闻,大多数科学家认为,人类活动是造成全球气温上升的原因。但是不仅仅是人可以改变气候——火山也会对气候变化产生影响,既会提高温度,也会降低温度。

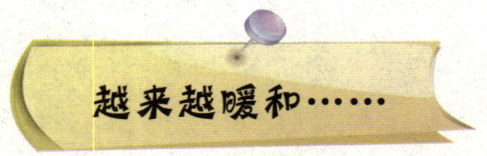

越来越暖和……

全球气温上升,与人们使用化石燃料——如煤、石油和天然气——有关,其中二氧化碳被释放到大气中。火山也排放二氧化碳及其他温室气体。然而,平均一年中人类为99%的气体排放负责,而火山只占到1%。

▲ 波波卡特佩特尔火山是墨西哥的第二高峰。当在1994年喷发时,它之前已经沉睡了约60年。它每次喷发时,火山灰和气体柱喷到空中达数千米。

第四章 喷发!

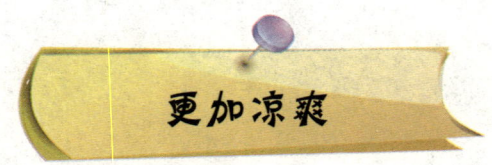

更加凉爽

  主要的火山喷发把大量的火山灰和气体喷到大气中。有时火山灰会完全遮挡火山喷发附近地区的太阳光达数天之久，然而，微小的硫酸悬浮滴液，是硫黄气体溶解在空气中的水所造成的，会对气候产生更大的影响。它们把热量反射到太空，从而降低地球的温度。1815年印度尼西亚的坦博拉火山喷发后，欧洲在1816年遭遇了"无夏之年"——降雪和霜冻甚至在6月、7月和8月袭击了英国。1883年的印度尼西亚喀拉喀托火山喷发造成气温下降，持续了数月，1991年智利皮纳图博火山喷发时，全球的气温下降了1摄氏度。

科学生涯

约翰·斯梅利博士是一位火山学家,他在英国剑桥英国南极洲调查局工作。他的研究着眼于火山和冰川如何互动,过去冰层的记录如何从被保存在南极洲的火山证据中确定。

一日掠影·········

斯梅利博士研究数百万年前的穿越冰盖的火山喷发,其中有些到今天仍然在喷发。他最近从飞机上观察冰雪覆盖的火山喷发,收集岩石和沉积物样本。在南极洲,他靠四轮摩托车或机动

21 火山

滑雪车做交通工具，他的探险持续了两三个月，返回英国后，他鉴定岩石样本的年代并分析它们，发现了它们的化学成分。通过这些数据，他可以重现过去存在的冰盖的时间及地点，并发现了许多它们最重要的特点。

斯人斯语……

"我在一个极少数人看到的区域工作，包括一些我确定没有人去过的地方。我对过去地质的工作可以帮助了解我们这个星球的环境的未来，它是令人满意的。

第五章　不断的关注

空中的眼睛

　　科学家密切观察世界各地的火山，尤其是那些靠近居民区的火山。一些城市，如日本的东京和意大利的那不勒斯，处于危险火山的阴影下，并已遭受过去喷发带来的灾难。任何一个即将喷发的迹象都可以帮助拯救生命，因为人们可以及时撤离。

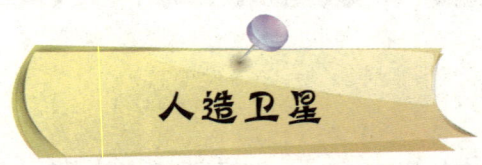

人造卫星

自从飞机和卫星发明以来,研究火山的科学家的工作就已经发生改变。从空中获得一个像火山一样的大型建筑物的视图较之以前容易了许多。事实上,一些火山甚至直到从空中被观测到才能被辨识出来。携带相机和成像设备的卫星被用来非常精确地测量火山在地球表面上的位置。

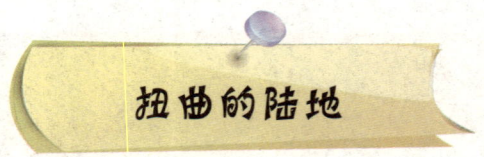

扭曲的陆地

当岩浆在火山内部聚集时,上面的地面形状经常会发生改变,这种扭曲被称为变形。利用卫星和全球定位系统技术,可以很容易地测量出大面积的土地变形。地球上的全球定位系统接收器接收由卫星传输的信号,并能确定其确切位置。火山学家将全球定位系统接收器安置在火山上或火山周围。随着地面的变形和

▼ 一位地质学家在美国华盛顿的圣海伦斯山东翼建立了一个全球定位站（全球定位系统），用以测量伴随震群地震的地面变形。

火山

移动，全球定位系统接收机的位置随之发生移动。通过跟踪接收器的运动，科学家能够绘制地面活动的图像。

内部的火热岩石

红外成像被用来创建一幅物体或景观内部的温度梯度图。红外摄像机被安装在卫星上，或由飞机携带，可以拍摄到一系列的火山图像，以显示随时间的推移地上和地下的温度变化。科学家可以用这些图像来确定收集岩浆或上升到表面的热点所在。它们可以警告科学家火山活动比以前活跃了。

▶ 这张俄罗斯中部山脉火山的图像，是由奋进号航天飞机上的雷达设备拍摄而成的。

◀ 科学家们登上美国华盛顿的圣海伦斯火山，给它安装一个新的倾斜仪。倾斜仪被用来预测非常小的水平变化，并经常监测火山的变化。

到达实地的工作

  并不是所有监测火山的工作都可以从一个安全的距离进行，有些仍然需要火山学家到达实地，接近即将喷发的火山，这是很危险的。

第五章　不断的关注

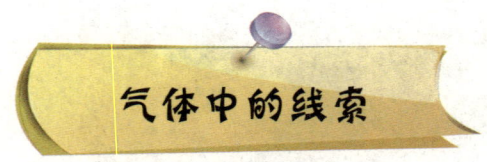

许多火山从火山口和喷气孔中渗漏少量的气体。气体量的增加或其成分的改变是可能发生更多活动的一个早期预警信号。当火山安静时,火山学家到达火山,进入火山口去收集气体样本并记录其温度。

当岩浆聚积时,地面开始移动。使用激光探测设备可以非常精确地勘测火山。倾斜仪显示地面是否垂直位移,引伸计显示当裂缝扩大或缩小时,地面是否水平移动。在海下,压力记录仪显示出由海底岩浆上升或下沉时引起水下压力的变化。海底深处的运动并不总是转化为海面运动。

随着越来越多岩浆的聚集,它给火山岩石造成压力,导致其断裂，或使已有的裂缝发生震动，这就会产生一些小的地震。地震仪测量穿越地球的振动。许多仪器是太阳能供电的，能把数据读数直接传输到遥远的天文台观测站的电脑上。

▼ 伊里布斯山的顶峰是南极洲最活跃的火山，这里到处都散落着从火山喷发出的火山弹。

21 火山

科学生涯

英国剑桥大学的克莱夫·奥本海默博士研究火山学和遥感控制。

一日掠影……

奥本海默博士把大多数时间花在南极洲、意大利、中美洲和埃塞俄比亚，他在那里测量来自活火山的气体。从岩浆中渗漏的不同的混合气体，揭示了火山喷发和预期喷发类型的可能性。为了从远距离测量气体排放，奥本海默博士使用由电脑控制的被称为光谱仪的装置，它被连接在一个望远镜上，以便可以观测到气体云。笔记本电脑被用来进行数据处理，提供气体组成成分的即时读数。他甚至可以测量从剧烈爆炸中被释放的气体，这是人不可能接近的。

斯人斯语……

"关于火山学，一个伟大的事情是任何人都可以被牵涉其中——火山影响环境、气候及社会，它们告诉我们地球、其他行星和卫星的内部构造，甚至生命起源和灭绝的原因。数学家、物理学家、地质学家、气候学家、人类学家、考古学家、医生、紧急情况策划人员——这个人员名单是无止境的——都被牵涉在其中……"

超级火山

超级火山以可怕的力量喷发，给当地造成破坏并给全球带来持久的效应。最后一次超级火山喷发是大约7.3万年前印度尼西亚的托巴火山喷发。有一个超级火山潜伏在美国黄石国家公园的下面，在接下来的5万年中它随时可能喷发。它现在被一组科学家仔细地监测着。

▲ 生活在不同温度下的细菌给黄石国家公园的大棱镜温泉添加了各种颜色。

神秘的山

黄石公园直到1872年被从空中看到，才被承认是一个巨火山口。在地面上，它覆盖的地区非常广袤，以至于其形状被隐藏了起来。黄石火山是在过去20亿年中增长并喷发的三个热点火山中最近的一次。在地面上，表现其火山性质的线索是温泉、间歇泉和沸腾的泥浆池，它们全部由地表以下仅6000米的炽热岩浆提供能量。

等待发生的灾难

黄石地区的火山每隔65万—80万年喷发一次，从最后一次喷发以来，到现在已经有64万年之久了。这座火山在不久的将来是不可能喷发的，但是如果它喷发，聚集在公园下面几千立方千米的岩浆会以巨大的力量喷发，以至于整个美国将被火山灰覆盖，

火山

而且全球的气候将被改变好多年。科学家希望对该地区的监测能提供足够的预警以做好准备,在即将到来危险时,能够疏散庞大数量的人群。

▲ 科学家大约30年前开始监测它,黄石火山的活动一直相对稳定。

研究内容：人类学家研究人类历史，他们认为，大约7.3万年前，人类几乎灭绝。他们想知道是否是印度尼西亚的超级火山托巴喷发造成了这场灾难。

研究团队：美国伊利诺伊大学的人类学家斯坦利·H. 安布罗斯，把来自肯尼亚和其他地方实地考察的结果以及来自其他研究的证据共同汇集成了证据。

研究过程：通过在东非大裂谷考古遗址中追溯火山

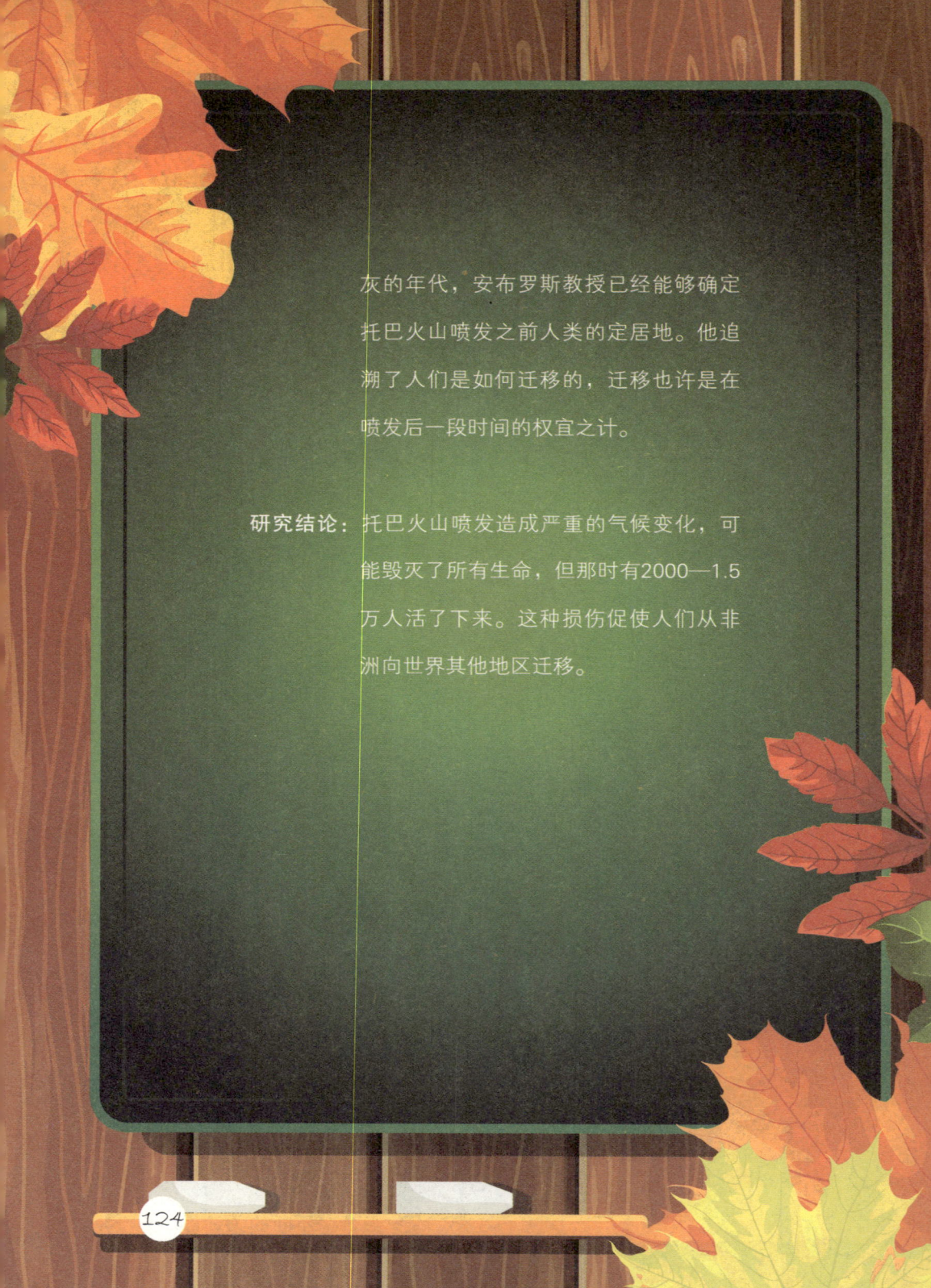

灰的年代，安布罗斯教授已经能够确定托巴火山喷发之前人类的定居地。他追溯了人们是如何迁移的，迁移也许是在喷发后一段时间的权宜之计。

研究结论： 托巴火山喷发造成严重的气候变化，可能毁灭了所有生命，但那时有2000—1.5万人活了下来。这种损伤促使人们从非洲向世界其他地区迁移。

预测

即使科学家可以预测一次火山喷发，但是他们无法做点什么阻止它喷发。在过去，曾经有过转移熔岩流或泥石流的方向使其远离城镇和村庄，或触发一次小的喷发希望能够避免较大的喷发等种种尝试。然而，火山仍然保持它们自己的规律，我们最好的希望是有及时的预警来远离它们。

▲ 树的年轮可以显示气候如何影响树木的生长速度，可以在火山活动发生方面予以提示。

21 火山
st CENTURY SCIENCE

▲ 海克拉火山是冰岛南部的一座层云火山，它是该国最为活跃的火山，从公元874年以来，喷发超过20次。

从过去获得的教训

通过研究火山及其喷发的历史，无论不久的将来它是否有可能喷发，火山科学家都可以获得很好的观点。科学家的任务是进行认真的监测和勘测，以探测出意味着真正到来的火山喷发的各种变化。

读懂各种迹象

当岩浆在地下聚集，压力大到必须要喷发出来时，火山就准备喷发了。当火山的热分布发生变化时，更多的天然气从喷气孔渗漏出来。山的两侧发生变形时，火山学家可以判定岩浆正在向上移动，准备喷发。但是涉及要精确地解释各种迹象以判定什么时候将发生火山喷发——是否在几周或几天后——或几年之后火山是否会继续增长和变形，则是更为困难的任务。

课题研究：爱尔兰沼泽中死亡的树

研究内容：树木的生长速度受气候影响，这反映在它们的年轮上。树木年轮的证据往往可以连同其他证据来揭示过去发生的火山事件。

科学家：北爱尔兰贝尔法斯特女王大学的迈克·贝利博士，研究了保存在爱尔兰沼泽中的一棵橡树的年轮，以寻找大约发生在公元前2350年的一座火山喷发的证据。

研究过程：贝利博士发现了10条非常狭窄的年轮

带，揭示出从公元前2354年到公元前2345年期间树木生长缓慢。这意味着发生过造成大规模气候变化的事件。碳测定显示，大约公元前2310年，一层来自冰岛海克拉火山的细火山碎屑在泥炭沼泽中被沉积下来。贝利博士也查阅了古代记录，里面记录了大约公元前2380年降临在这个国家的灾难，使其荒废了长达30年之久。

研究结论：树木的年轮表明，一次巨大的海克拉火山的喷发可能发生在公元前2354年。这可能是导致人们从青铜时代开始时迁往爱尔兰的原因。松树几年后的消失，也许是因为它们被砍伐充当冶炼金属的燃料。

21st CENTURY SCIENCE

▼ 1973年，这个渔港的5000名居民在冰岛火山西南的圆锥裂隙达2公里宽之前被疏散。

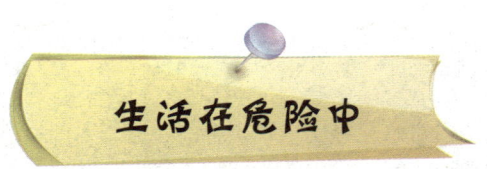

生活在危险中

我们别无选择,只能生活在火山喷发的威胁之中。对大多数人来说,这些是遥远的忧虑,然而对于那些住在火山附近的人们,它们是永远存在的、可怕的危险。

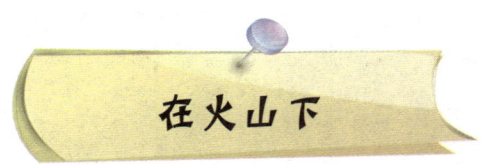

在火山下

在日本的东京、意大利的那不勒斯和美国的华盛顿,数百万人住在可能即将喷发的火山附近。这些火山被不断监测着,科学家监控火山不断变化的迹象,如果喷发可能发生,就可以让人们及时撤离。人们在撤离之前,必须确信是处于真正的危险之中,他们才会离开,尤其是在贫穷、欠发达地区,撤离可能意味着失去一切。此外,没必要的撤离会使人们付出昂贵的代价,且具破坏性,这就意味着下一次同一批人将不再情愿离开。

火山

▲ 1997年8月，加勒比海的蒙特塞拉特的普利茅斯毁于火山碎屑流。

善后

并不是所有被监测的火山都是危险的，在印度洋附近，有许多岛屿及海底火山可能引发海啸以及火山喷发。当火山喷发突然发生，在没有预警的情况下，成千上万的人可能会死去。有时，一次相对较小的火山喷发会引发更具破坏性的和意外的事件，如泥石流或海啸。我们可以做的最好的事是派救援人员和发放紧急救援物资到受灾地区，以支持灾后恢复工作。

课题研究：

防灾规划

研究内容： 一个研究小组为意大利的那不勒斯市开发了一个应急计划的模型，这座城市处于维苏威活火山的阴影之中。

研究团队： 由英国剑桥大学风险建设环境中心的罗宾·斯彭斯领导的团队。

研究过程： 先前对加勒比海岛国蒙特塞拉特的研究表明，如果滚烫的火山灰在火山碎屑流流淌的过程中远离建筑物，人更有可能存活下来，因此寻找建筑物的出口是一项重要的任务。他们用先进的建模技术来确定喷发的可能模式，以及它们会如何影响人们和建筑物。他们提前提出合理的撤离战略，以减少死亡、受伤和破坏。

研究结论：这些调查结果，以及来自比萨大学以往的火山碎屑流事件的数值模型，一起提供了当地服务所需要的疏散计划、应急措施及新的建筑物的设计等服务信息。

未来的科学家

科学家使用越来越精密的仪器和技术去测量世界各地的火山的运动和变化。卫星更多地观测我们的活火山，先进的建模系统精确地显示过去的火山喷发中到底发生了什么，以及未来可能发生什么。科学家也正在寻求超越我们星球以外的线索，去发现地球内部深处到底在发生什么。

回首过去，放眼未来

在火山学中，对过去的研究，真正的关键是对未来的理解。通过使用先进的分析和数学运算，结合地质学家、地震学家和火山学家实地研究的发现，我们可以非常详细地再现历史上的一些最猛烈的火山喷发。这有助于我们建立今天仍在喷发的火山的详细资料。利用精密的计算机模型，科学家可以详细地预测未来的

火山喷发会是什么样的,人类将会付出怎样的代价。

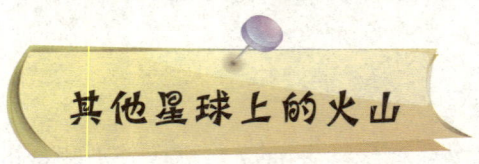

地球并不是唯一有火山的星球,太空探测器和望远镜已经显示出在太阳系中的其他星球以及它们的一些卫星上也有火山。有些在某种程度上类似于地球上的火山,而其他的则完全不同。天文学家认为,巨大的冰火山可能会改变木星的卫星木卫一、木卫二和木卫三的表面形状。火山喷发出液态水,它被称作冰岩浆,然后冻结成巨大的冰平原。研究其他星球上的火山,为科学家提供了有关地球如何演变及我们自己星球上火山如何发生作用的新的见解。随着太空探索的进展,火山学将进一步拓宽我们的视野。

▼ 石棉安全服是火山学家必不可少的穿着，穿上它火山学家能够勇敢地面对活火山，去收集用以分析的数据和材料。

 火山

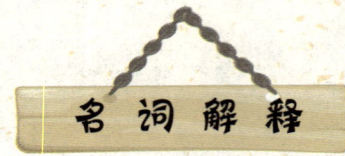

喷雾剂：一种悬浮在空气中的微小液滴的喷雾。

氨气：一种由氮气和氢气的混合气体，在室温下是液体状态。

大气：包围着星球的气层。

原子：一种元素的最小粒子。

环礁：一种环形的珊瑚岛，中间有一个礁湖。

火山口：从坍塌的火山中留下的火山口或凹陷。

碳测定：通过测量碳同位素的比例（原子变量）的技术，以确定一个物体的年代。

火山口：位于火山通风口附近的一座火山顶部的凹陷。

导管：火山内部的一条通道，火山岩浆从岩浆池中经由这条导管上升到火山口。

地壳：地球上方一个固态的薄层。

变形：扭曲或膨胀。

休眠火山：目前尚未喷发，但仍然有喷发的能力的火山。

地震：由地球的构造板块移动互相对抗引起的地面晃动。

生态系统：一个居住在特定地方的生物群落。

侵蚀：通过风、水或冰的作用磨损侵蚀。

喷发：从火山倾泻出熔岩、气体或岩石的混合物。

断层：地球地壳中的裂缝，是地壳一侧与其他一侧的运动造成的。

裂隙：狭长的裂缝。

化石燃料：一种碳的燃料，如煤、石油和天然气，由史前生物的残骸形成。

间歇性热喷泉：火山口喷出被很高温度和压力的地下岩浆所加热的热水。

全球定位系统（GPS）：通过使用卫星，精确地确定地球上的某一个位置的方法。

热点：岩浆从地幔上升的地方，往往在一个构造板块的中间，在这里形成火山。

内核：地球的最中心，在一个非常高的温度和压力下形成的固态金属。

同位素：两个或两个以上的原子之一具有相同原子序数，但中子数不同的元素。

熔岩：液体岩石，从火山中出现，当它出现时，被称为岩浆。

熔岩穹丘：一种小的像土堆的火山，生长在山坡上或火山脚下。

活火山：一座有能力喷发的火山。

岩浆：来自地球地幔内部的热的液体岩石。

地幔：厚厚的半流质的熔化岩石层，形成于地球内部的中间层，位于地壳和地核之间。

甲烷：由碳和氢组成的气体，当植物和动物物质被分解时产生。

外核：地球内部深处高压下的过热液态金属层，它围绕着地球中心的内核。

高原：一片大而平坦的土地。

浮石：由硬化熔岩构成的轻的、多孔的玻璃状岩石。

火山碎屑流：一次火山喷发后伴随着风而来的快速移动的岩石碎片。

火山

裂谷：地球上的构造板块移开，岩浆并上升到地表的区域。

沉积物：一层腐烂植物和动物粪便。

沉积岩：一种岩石的类型，由慢慢被压缩的沉积物形成。

地震波：当地球被地震和火山喷发等事件动摇时制造的能量波。

地震学家：测量和研究地震波的人。

地震仪：测量穿越地球地震波的一种仪器。

物种：不同基因类型的植物、动物或微生物。

俯冲带：一个构造板块被推到另一个板块下面的边缘地区。

构造板块：地壳的倾斜岩板，它在地幔上缓慢移动，支撑着大片大陆或海洋。

断层摄影法：一种使用X射线或超声波显示固态物体内部的技术。

火山口：出现在地表的火山熔岩的出口。